Edizioni PensareDiverso
Collana Cenacolo Jung Pauli.

Donne nella fisica quantistica.

Bruno Del Medico

Il contributo delle donne nello sviluppo della teoria quantistica.

*"Durante gran parte della storia,
Anonimo era sempre una donna".
(Virginia Woolf)*

Sommario.

VII°. Donne che hanno plasmato la fisica quantistica..
....215

Altre pioniere. 222

VIII°. Testimoni attuali.................................273

IX°. La sfida continua ancora oggi. 304

La sfida continua. 314

Bibliografia specializzata. 317

Articoli accademici 320

Introduzione.

La scienza, per molti secoli, è stata un regno dominato dagli uomini. Non per mancanza di talento o intuizione da parte delle donne, ma per le strutture sociali e culturali che le hanno sistematicamente escluse. Questo fenomeno è particolarmente evidente nella storia della fisica, e ancor di più nello sviluppo della teoria quantistica. Cosa ne sarebbe stato della scienza moderna se i nomi di queste donne fossero stati riconosciuti al pari di quelli dei loro colleghi uomini? Questa è una domanda che il nostro tempo non può più ignorare.

Un esempio emblematico di questa invisibilità storica è la vicenda di Lise Meitner, una fisica straordinaria che ha contribuito alla scoperta della fissione nucleare. Era il 1938 quando Otto Hahn, suo collega di lunga data, ricevette il merito esclusivo per questa scoperta, guadagnandosi successivamente un Premio Nobel. Lise Meitner, invece, fu relegata ai margini della storia scientifica, nonostante i suoi calcoli fondamentali che permisero di comprendere il processo di fissione. *"Una mente che non ha mai perso la chiarezza"*, così la descriveva Albert Einstein, ma ciò non bastò a garantirle il riconoscimento. Lise Meitner, che era ebrea e dovette fuggire dalla Germania nazista, ha portato avanti il suo lavoro in un contesto che era ostile sia al suo sesso che alla sua identità.

La storia di queste donne non è solo scientifica, ma profondamente culturale. Perfino nel mondo della letteratura, il tema dell'invisibilità femminile nelle professioni intellettuali è stato sollevato con forza. Virginia Woolf, nel suo celebre saggio *"Una stanza tutta per sé"* (1929), rifletteva su cosa avrebbe potuto fare una giovane donna del genio di Shakespeare se fosse vissuta ai suoi tempi. Woolf immaginava che questa figura, *"Judith Shakespeare"*, non avrebbe mai avuto l'opportunità di emergere. La stessa immagine si applica perfettamente alla scienza: quante donne hanno avuto il genio e la lucidità di una Marie Curie, ma non hanno mai avuto accesso alle risorse, ai laboratori, o alle reti di collaborazione necessarie per esprimersi?

Il caso della teoria quantistica è particolarmente interessante. Questa branca della fisica, che ha trasformato la nostra comprensione del mondo subatomico, si è sviluppata grazie a una comunità di menti brillanti, molte delle quali donne. Tuttavia, solo pochi nomi sono rimasti impressi nella narrazione storica. Uno di questi è quello di Maria Goeppert Mayer, la seconda donna nella storia a vincere un Premio Nobel per la fisica (1963), per il suo modello del nucleo atomico. Per anni, Maria lavorò in condizioni precarie, spesso senza ricevere uno stipendio adeguato, limitata dal pregiudizio nei confronti delle donne *"mogli di scienziati"*. Ciononostante, il suo contributo fu fondamentale per la fisica moderna.

Oltre agli esempi individuali, esiste una riflessione più ampia sul "perché" di questa invisibilità. Storicamente, le ricerche delle donne venivano pubblicate con i nomi dei loro mariti o colleghi uomini, rendendo complicato identificarne il reale contributo. In molti casi, alle donne era persino proibito accedere alle università o ai laboratori. Un esempio simbolico è quello della Royal Society di Londra, una delle istituzioni scientifiche più prestigiose al mondo, che accettò la prima donna come membro solo nel 1945, quasi tre secoli dopo la sua fondazione.

Non sorprende, quindi, che molte di queste donne abbiano trovato spazio marginale anche nella memoria popolare e accademica. Perfino oggi, le loro storie rimangono spesso sconosciute. Eppure, il loro lavoro continua a influenzare profondamente il nostro modo di vedere il mondo. La fisica quantistica non sarebbe ciò che è senza le menti di queste donne.

Scrivere di donne e scienza, e in particolare delle loro conquiste nel mondo della teoria quantistica, non è solo un atto di giustizia storica. È anche una riflessione sul presente e sul futuro. L'obiettivo di tutti non è recuperare semplicemente i nomi e le storie perdute, ma ispirare nuove generazioni di ragazze e ragazzi a immaginare un mondo in cui il genio non abbia genere. La visione di Woolf e la dedizione di donne come Meitner e Goeppert Mayer devono essere il faro di chi oggi si avvicina alla scienza, ricordandoci che la conoscenza si sviluppa davvero solo quando tutti hanno la possibilità di contribuire.

Il libro non si limita a raccontare grandi scoperte, ma si propone di avviare una riflessione su come una partecipazione più inclusiva nella scienza possa portare a nuove possibilità di comprensione del mondo. Gli esempi personali delle protagoniste, intrecciati con il contesto sociale e filosofico, creano una narrativa potente e stimolante per il lettore.

I°. Una questione di invisibilità storica.

"Il contributo delle donne alla teoria quantistica dimostra che la scienza prospera nella collaborazione e nella pluralità." (George Gamow).

La sfida della memoria storica.

La storia della scienza è popolata da grandi scoperte e rivoluzioni intellettuali, ma porta con sé un'ombra: quella dell'invisibilità di tante donne che vi hanno contribuito. Per secoli, il sapere scientifico è stato narrato attraverso un prisma maschile, relegando molte scienziate ai margini della memoria storica. Il loro ruolo, benché fondamentale, è stato spesso dimenticato, minimizzato o attribuito ai colleghi uomini. Questo fenomeno non è il mero frutto di casualità o insufficienza di documenti. È il risultato di un sistema culturale che, per lungo tempo, ha negato spazio e riconoscimento al genio femminile.

Un esempio emblematico è quello di Lise Meitner, la fisica austriaca che svolse un ruolo cruciale nella scoperta della fissione nucleare.

Un'altra storia di invisibilità riguarda Emmy Noether, una delle matematiche più brillanti del XX secolo, che fornì contributi essenziali per comprendere le leggi di conservazione nella fisica moderna. Il cosiddetto "Teorema di Noether" è ancora alla base di molte teorie fisiche contemporanee, incluse alcune che toccano la meccanica quantistica. Eppure, negli anni della sua attività accademica, i pregiudizi sociali e politici privarono Emmy di incarichi adeguati in Germania. Solo trasferendosi negli Stati Uniti Emmy poté lavorare con maggiore libertà. A differenza di molti colleghi, Emmy mantenne un approccio umile, contribuendo enormemente alla fisica teorica senza però ricevere il giusto riconoscimento in vita.

La ragione di queste dimenticanze storiche non può essere attribuita esclusivamente al contesto sociale del passato. Il vero motivo　è legato a un problema più profondo: il monopolio della memoria. Le narrazioni ufficiali della scienza sono state scritte prevalentemente da uomini, che inconsciamente o deliberatamente hanno messo da parte il contributo femminile. Questo processo non riguarda solo la scienza. In letteratura, arte e politica, donne straordinarie sono state spesso offuscate dai paragoni con i colleghi maschi.

Certo, ci sono casi in cui le donne sono emerse nonostante le difficoltà. Marie Curie è un nome universalmente conosciuto. Oltre a essere stata la prima donna a ricevere un Nobel, ne vinse due in discipline diverse (fisica e chimica), un risultato unico nella storia. Tuttavia, la sua figura viene spesso descritta come un'eccezione isolata, un "caso speciale" che conferma la regola della predominanza maschile nel campo scientifico. Nulla di più distante dalla realtà: dietro e accanto a Curie, molte altre donne hanno fornito contributi essenziali al progresso scientifico.

La meccanica quantistica stessa deve molto all'intuizione femminile, come vedremo nei prossimi capitoli. Ci sono storie dimenticate che attendono di essere riscoperte. Ad esempio, quella di Grete Hermann, filosofa e matematica tedesca che diede un contributo fondamentale alla comprensione dei fondamenti teorici della fisica quantistica. Greta fu una delle poche a criticare, già negli anni '30, il formalismo astratto che dominava i circoli accademici. Le sue riflessioni filosofiche sul principio di indeterminazione e il suo dialogo con Werner Heisenberg hanno aperto strade di pensiero poco esplorate.

Analizzare l'invisibilità storica è fondamentale non solo per rendere giustizia a queste figure dimenticate, ma anche per riflettere sulle dinamiche del sapere. Chi decide cosa è degno di essere ricordato? Quali voci e nomi vengono registrati nei libri di storia? Le donne, escluse per secoli dai circoli accademici e istituzionali, hanno subìto le conseguenze di un sistema basato sulla discriminazione di genere. La loro assenza, però, non significa che non ci fossero.

Ricordare oggi le scienziate che hanno plasmato il pensiero scientifico è un atto di recupero culturale. Ci permette di leggere il passato con occhi nuovi e, al tempo stesso, ci costringe a interrogarci su come possiamo costruire un futuro più inclusivo, in cui il contributo delle donne non venga più relegato a nota a piè di pagina. La riconquista del loro ruolo nella scienza è uno specchio di una battaglia più ampia: quella contro ogni forma di esclusione.

La prima donna "martire dell'amore per la scienza".

Ricordare le donne che hanno contribuito allo sviluppo della teoria quantistica va ben oltre una questione di genealogia storica. È un atto di giustizia culturale. Significa riconoscere e far emergere nomi e storie che, per molto tempo, sono rimasti sviati dall'ombra di un maschilismo diffuso. Questo recupero non serve solo a celebrare il passato. Piuttosto, è una chiave per costruire un futuro in cui il contributo delle donne alla scienza non resti relegato a una nota a piè di pagina.

L'esclusione sistemica delle donne dal mondo accademico iniziò a incrinarsi solo nel XX secolo, ma ciò non significa che prima di allora le scienziate non abbiano avuto un ruolo. Il primo nome che viene alla mente è quello di Ipazia di Alessandria, vissuta nel IV secolo. Ipazia non si occupò di fisica quantistica, ovviamente, ma è giusto ricordarla qui per il suo simbolismo. Lavorò nel campo della matematica, dell'astronomia e della filosofia neoplatonica, in un mondo dominato dal patriarcato. La sua morte violenta – trucidata da fanatici cristiani nel 415 – la consacrò martire del sapere. Ipazia rappresenta l'archetipo della scienziata che combatte contro forze culturali che vogliono soffocare la conoscenza e il progresso.

Nel panorama della storia della scienza, pochi personaggi emergono con la stessa potenza simbolica di Ipazia di Alessandria. Vissuta tra la fine del IV e l'inizio del V secolo, Ipazia non è un nome legato direttamente alla fisica quantistica o alla scienza moderna. Tuttavia, la sua vita e la sua tragica morte rappresentano un monito universale. Simboleggiano le lotte che tante scienziate, secoli dopo, avrebbero affrontato per difendere il sapere, la razionalità e il progresso contro un mondo che spesso si è dimostrato ostile alla conoscenza e al ruolo delle donne nella cultura.

Ipazia nacque intorno al 370 d.C. ad Alessandria d'Egitto, città che al tempo era un faro del sapere antico. Suo padre, Teone di Alessandria, era un importante matematico e filosofo, oltre che l'ultimo direttore noto della grande Biblioteca di Alessandria. Fu lui a educarla, trasmettendole sia la passione per la conoscenza che la convinzione che la filosofia e la scienza fossero strumenti per comprendere e migliorare il mondo. Ipazia eccelleva in matematica, astronomia e filosofia neoplatonica, un sistema di pensiero che cercava di coniugare la logica razionale con una visione spirituale dell'universo.

Ipazia dirigeva l'accademia neoplatonica di Alessandria, dove insegnava ai suoi discepoli, uomini e donne, l'arte della matematica e dell'astronomia. Uno dei suoi contributi scientifici sarebbe stato l'avanzamento nella teoria degli strumenti astronomici, come l'astrolabio idroscopico, usato per misurare le altezze delle stelle e studiare i moti planetari. Tuttavia, il contesto storico in cui visse segnò il suo destino.

Alessandria, a quel tempo, era una città segnata da forti tensioni religiose e politiche. Il cristianesimo stava diventando la religione dominante dell'Impero Romano sotto Teodosio I, mentre le antiche tradizioni pagane venivano progressivamente soppresse. Ipazia, pur non essendo apertamente affiliata ad alcuna religione, rappresentava un simbolo dell'eredità pagana e della centralità del pensiero razionale. I suoi insegnamenti attiravano studenti da tutto il Mediterraneo, e la sua statura intellettuale la rese una figura rispettata ma anche pericolosamente controversa.

La sua fine tragica è una delle pagine più oscure della storia della scienza. Nel marzo del 415 d.C., una folla di fanatici cristiani – seguaci del vescovo Cirillo di Alessandria – la assalì brutalmente. Ipazia fu trascinata per le strade della città, denudata, torturata e infine uccisa in modo atroce. Il suo corpo venne fatto a pezzi e bruciato. La sua morte, oltre che una tragedia personale, segnò simbolicamente la lotta tra il razionalismo classico e un mondo che si stava chiudendo in schemi dogmatici.

Già nell'antichità, la figura di Ipazia assunse un'aura leggendaria. Il filosofo Damascio la descrisse come "*un esempio di virtù straordinaria e dono per la verità*". Nel XIX e XX secolo, Ipazia divenne il simbolo della libertà di pensiero e della resistenza contro l'oscurantismo. Scrittori come Voltaire e filosofi come Bertrand Russell la citarono come un esempio tragico di ciò che accade quando l'amore per la conoscenza è schiacciato dal fanatismo.

Le vicende di Ipazia non sono collegabili alla fisica quantistica, ma il suo lascito si intreccia con la lotta per il riconoscimento delle donne nella scienza. Rappresenta una delle prime martiri del sapere. È, in questo senso, l'archetipo di ciò che molte scienziate hanno vissuto secoli dopo: misconoscimento, esclusione, ostacoli da parte di sistemi patriarcali.

Oggi, il nome di Ipazia è celebrato in tutto il mondo come simbolo della libertà intellettuale. Crateri lunari, istituti e asteroidi portano il suo nome, rendendole omaggio per ciò che rappresenta. Ne scrisse Umberto Eco, nel suo romanzo "*Baudolino*", come una figura "*che vive al confine fra storia e mito*". Il regista Alejandro Amenábar le dedicò il film "*Agora*" (2009), raccontandola come eroina del pensiero in un'epoca di conflitti. Il film è un'opera intensa che unisce arte e storia e ha ricevuto notevole attenzione per il modo in cui ha trattato temi come il fanatismo religioso, la scienza e il ruolo delle donne nella società

Ipazia, sebbene non abbia avuto contatti diretti con la fisica moderna, è la figura che meglio incarna quella traiettoria che porta il pensiero scientifico dalla lotta per la sopravvivenza all'affermazione di idee sempre più complesse. La storia di Ipazia ci ricorda che il progresso non è mai garantito, ma va difeso ogni giorno, rendendo giustizia a chi ne ha pagato il prezzo più alto. In questa lunga battaglia, lei sarà sempre un faro.

La memoria storica è una sfida, forse più complessa di quella scientifica stessa. In essa, l'obiettività non è mai completa, perché la memoria dipende da chi sceglie di ricordare. Riscoprire le vite e le opere delle scienziate significa non permettere che un'altra generazione cresca pensando che il progresso sia stato opera di pochi uomini geniali. La fisica quantistica, che indaga la natura profonda della materia, ci insegna quanto sia complesso e interconnesso il mondo. Allo stesso modo, l'indagine sul passato può aiutarci a scoprire una verità più complessa, in cui il contributo di tutti, donne e uomini, trova il giusto posto.

La sfida della memoria storica.

La storia non è mai stata neutrale. È fatta da chi la scrive, ed è raccontata, troppo spesso, attraverso la voce dei vincitori, dei potenti, o più semplicemente degli uomini. Questo vale anche - e forse soprattutto - nel campo della scienza, un terreno che per secoli ha escluso le donne, o le ha relegato a margini imposti. La memoria storica si è rivelata particolarmente selettiva nei confronti del contributo delle scienziate, lasciando nella penombra nomi che avrebbero meritato un posto nella luce. Ridare visibilità a queste figure non significa solo fare giustizia, ma anche comprendere meglio il progresso scientifico, che è sempre stato il frutto di un coro, non di un monologo.

In fisica quantistica, questa selettività è evidente e dolorosa. La narrazione tradizionale attribuisce i progressi principali a un ristretto numero di uomini: Albert Einstein, Niels Bohr, Erwin Schrödinger, Werner Heisenberg, e alcuni altri. Ma queste stesse pagine di storia dimenticano le donne che, seppur combattendo contro ostacoli sociali e culturali enormi, hanno fornito contributi cruciali allo sviluppo della fisica moderna. Il loro destino è stato spesso lo stesso: invisibilità durante la vita, oblio dopo la morte.

Uno degli esempi più emblematici è quello di Lise Meitner. Nata nel 1878 a Vienna, Meitner apparteneva a una generazione di donne che dovevano lottare persino per accedere all'istruzione superiore. Era una delle pochissime donne a partecipare ai corsi universitari di fisica, un ambiente dominato da uomini dove spesso era trattata come un'intrusa. Nonostante ciò, il suo lavoro sulla fisica nucleare è stato fondamentale. Fu lei, insieme a Otto Hahn, a scoprire la fissione nucleare – una rivoluzione che ha sancito l'alba di una nuova era scientifica. Eppure, mentre Otto Hahn ricevette il premio Nobel per questa scoperta nel 1944, Meitner rimase nell'ombra. Lei stessa reagì con amarezza, con una frase passata alla storia:

"La scienza ha vinto, ma io ho perso".

Questa esclusione non fu casuale. Il contesto patriarcale dell'epoca relegava le donne a ruoli subordinati, oppressi da pregiudizi che minavano non solo le loro carriere, ma anche la loro stessa esistenza professionale. Eppure, molte scienziate non si lasciarono abbattere. Ricordiamo Cecilia Payne-Gaposchkin, che nel 1925 dimostrò che l'idrogeno è il principale costituente delle stelle. I suoi colleghi uomini inizialmente ignorarono o rigettarono il suo lavoro. Solo anni dopo, lo stesso Henry Norris Russell, tra i più celebri astronomi dell'epoca, riconobbe che le sue intuizioni erano corrette. Anche in questo caso, la cultura dominante ritardò il riconoscimento di un contributo essenziale.

La questione dell'anonimato imposto riguarda anche il linguaggio e i ruoli assegnati all'interno della ricerca. Spesso le donne non potevano firmare i lavori con il proprio nome, o venivano relegate ad assistenti, nonostante il loro contributo effettivo fosse pari (se non superiore) a quello degli uomini che ufficialmente guidavano il progetto. Un caso interessante è quello di Mileva Marić, la prima moglie di Albert Einstein. Mileva Marić, anch'ella fisica e matematica, collaborava attivamente con Einstein, soprattutto nei primi anni della sua carriera. Diversi storici hanno ipotizzato che il suo lavoro abbia influenzato alcune delle idee fondamentali della teoria della relatività. Tuttavia, il suo nome non appare accanto a quello del marito.

Queste omissioni, tuttavia, non sono solo il riflesso di una società ingiusta. Incidono profondamente anche sulla percezione che le nuove generazioni hanno della scienza e dei suoi protagonisti. Le donne che vogliono intraprendere carriere scientifiche raramente trovano modelli femminili nell'insegnamento o nei libri di testo. La narrazione storica continua a confermare un pregiudizio che vede la scienza come "roba da uomini", un pregiudizio che, paradossalmente, molte delle stesse donne dimenticate avevano contribuito a costruire.

Il recupero della memoria non è un atto di nostalgia, ma di responsabilità. È cruciale restituire alle scienziate il posto che meritano, anche andando oltre i pregiudizi e i miti costruiti sul loro conto. La storia della fisica quantistica, come quella di tante altre scienze, è fatta di una ricchezza che va oltre i nomi più celebri. Non recuperare questa memoria significa perdere opportunità preziose per comprendere come il progresso sia davvero avvenuto.

In questo spirito, sono sempre più numerose le iniziative volte a restituire visibilità alle donne dimenticate dalla storia della scienza. Oggi, a trent'anni dall'istituzione della *"Giornata Internazionale delle Donne nella Scienza"* (celebrata l'11 febbraio), possiamo finalmente permetterci di guardare indietro con maggiore lucidità e magari colmare le lacune di una narrazione troppo parziale.

Raccontare le storie di queste pioniere non è solo un omaggio al passato. È un atto di giustizia verso il futuro. Restituire loro identità significa offrire alle nuove generazioni un ventaglio più ampio di possibilità, nel quale il genio scientifico non ha genere ma solo merito. Come ha scritto Marguerite Yourcenar,:

"Il nostro dovere verso la storia è di riscriverla".

E, nel caso delle donne della scienza, questo dovere è ancora tutto da compiere.

Aneddoti sull'invisibilità delle donne nella scienza.

Raccontare la storia della scienza è un'impresa affascinante, ma può diventare anche un esercizio imbarazzante. Pagine e pagine sono state scritte per celebrare i giganti del pensiero scientifico. Eppure, quando si tratta di donne, il racconto della scienza sembra soffrire di una strana amnesia selettiva. Troviamo Lise Meitner citata di sfuggita come la "*Madame Curie tedesca*", un'etichetta che, oltre a sminuire la sua individualità, appare chiaramente insufficiente per una scienziata che ha contribuito in modo cruciale alla scoperta della fissione nucleare. La memoria collettiva l'ha relegata nell'ombra del collega Otto Hahn, nonostante quest'ultimo abbia ricevuto il Nobel per una scoperta impossibile senza i contributi fondamentali di Meitner.

Questo non è però un caso isolato. La storia della scienza è popolata di donne la cui genialità è stata ignorata, travisata o attribuita ad altri. Certi nomi vengono riscoperti solo oggi, al termine di un laborioso processo di revisione storica. Ci si chiede come sia stato possibile dimenticare figure del calibro di Emmy Noether, la matematica tedesca che Albert Einstein definì:

"Il più grande genio creativo della matematica dai tempi in cui le donne hanno guadagnato pieno accesso alle università".

Emmy Noether fornì strumenti essenziali per la fisica moderna, gettando le basi matematiche della teoria delle simmetrie e delle leggi di conservazione, un contributo inestimabile per la comprensione della relatività generale e della meccanica quantistica. Eppure, durante la sua carriera in Germania, non le fu nemmeno permesso di insegnare ufficialmente. Teneva lezioni sotto il nome di colleghi uomini.

L'invisibilità delle donne nella scienza affonda le sue radici non solo nelle discriminazioni sociali, ma anche nell'oblio sistematico operato dalla storiografia ufficiale. L'esempio di Rosalind Franklin, la chimica e cristallografa britannica, è emblematico. Il suo lavoro sulla diffrazione a raggi X del DNA fu fondamentale per James Watson e Francis Crick nella scoperta della struttura a doppia elica. Tuttavia, quando i due ricevettero il Premio Nobel nel 1962, Rosalind Franklin era già morta. A causa delle regole dell'Accademia di Stoccolma, i premi non possono essere assegnati postumi. Ma persino in vita, il suo contributo era stato minimizzato, spesso ignorato nel dibattito accademico dell'epoca.

Un'altra storia significativa è quella di Cecilia Payne-Gaposchkin, un'astronoma britannica. Nel 1925, Payne-Gaposchkin scoprì che l'idrogeno è l'elemento principale delle stelle, una scoperta che avrebbe rivoluzionato l'astronomia. Ma il suo lavoro fu accolto con scetticismo e persino disprezzo da parte di astronomi uomini. L'astronomo Henry Norris Russell, in particolare, criticò apertamente le sue conclusioni, salvo poi appropriarsene dieci anni dopo. Payne-Gaposchkin faticò per tutta la vita a ottenere il pieno riconoscimento del suo contributo.

L'invisibilità storica delle donne nella scienza non è solo un problema di discriminazione, ma una sfida nel campo della memoria culturale. Quando si ignora o si cancella il contributo di una donna, si limita la possibilità per le generazioni future di vedere se stesse riflesse in quei traguardi. La storiografia, un tempo disciplinata da criteri esclusivamente maschili, ha creato narrazioni che estromettono le donne o le confinano a ruoli secondari. Proprio come il linguaggio plasma il pensiero, così il modo in cui raccontiamo la storia plasma il futuro. La mancanza di modelli femminili visibili non è solo un tema passato; è una questione contemporanea, radicata in squilibri ereditati ma tuttora presenti.

Non deve sorprendere quindi che molte figure femminili nella scienza abbiano trovato una sorta di riconoscimento solo decenni dopo la loro morte. Nel 2018, l'*Unione Astronomica Internazionale* decise di intitolare un asteroide a Lise Meitner: *"6999 Meitner"*. Per Rosalind Franklin, bisognerà attendere il 2021 per vedere una missione spaziale portare il suo nome. Questi riconoscimenti postumi, per quanto importanti, evidenziano il ritardo della memoria collettiva.

Un'altra figura poco celebrata è Maria Goeppert-Mayer, che nel 1963 vinse il Premio Nobel per la fisica per aver scoperto il modello a gusci del nucleo atomico. Lei stessa, però, riconobbe il contesto in cui operava. Più volte sottolineò come all'inizio della carriera nessuna università volesse assumerla, costringendola a lavorare gratuitamente come volontaria. Goeppert-Mayer dimostrò che talento e perseveranza possono sovrastare le barriere, ma allo stesso tempo confermò quanto quelle barriere fossero alte per le donne della sua epoca.

La sfida della memoria storica, dunque, non è semplicemente un atto di giustizia verso le pioniere dimenticate. È un'esigenza culturale. Recuperare la voce delle donne nella scienza significa abbattere pregiudizi e offrire una narrazione più ricca, più completa e più vera sul progresso umano. Superare questa invisibilità è un dovere non solo nei confronti del passato, ma anche verso future generazioni di scienziate.

Un caso paradigmatico.

Mileva Marić, moglie di Albert Einstein dal 1903 al 1919, rappresenta una figura complessa e affascinante nella storia della scienza. Nata in Serbia nel 1875, fu una delle prime donne a iscriversi al Politecnico di Zurigo, dove studiò matematica e fisica. Durante quel percorso conobbe Einstein, con cui condivise un profondo interesse per la scienza e iniziò una relazione personale e teorica intrecciata.

Il ruolo di Marić nel lavoro scientifico di Einstein è stato oggetto di dibattito accademico e culturale. Alcuni storici e sostenitori della sua figura ipotizzano che Mileva Marić abbia contribuito in modo significativo ai primi lavori di Einstein, inclusi quelli che portarono allo sviluppo della teoria della relatività. Tuttavia, è giusto osservare che non ci sono prove dirette che confermino il suo contributo scientifico formale agli scritti di Einstein.

Le ipotesi sul suo coinvolgimento.

Le teorie intorno alla partecipazione di Mileva Marić si basano su alcuni elementi:

In primo luogo, le lettere tra Albert e Mileva. In alcune lettere di Einstein alla Marić, scritte durante il periodo in cui erano studenti e poi giovani ricercatori, Einstein si riferisce al loro *"lavoro congiunto"* e utilizza espressioni come *"il nostro lavoro sulla relatività"*. Questo ha portato alcuni studiosi a suggerire che Mileva Marić fosse coinvolta attivamente nella riflessione e nello sviluppo di idee scientifiche.

In secondo luogo, la formazione matematica di Marić. Mileva aveva una solida formazione in matematica, un'abilità che Einstein, soprattutto nei suoi primi anni, non padroneggiava completamente. Alcuni hanno ipotizzato che potrebbe essere stata lei a contribuire ai lavori di Einstein con calcoli matematici o verifiche, anche se non ne esistono prove documentali concrete.

Non può essere trascurata la marginalizzazione delle donne nella scienza: È noto che nel contesto del tempo, le donne venivano spesso escluse o non riconosciute per il loro contributo alle scienze. Alcuni ritengono che Mileva Marić potrebbe essere stata una "vittima" di questo fenomeno: un'ipotetica collaboratrice non accreditata.

Infine, le teorie intorno alla partecipazione di Mileva Marić si basano sulla mancanza di evidenze nei lavori pubblicati. Infatti, nessuno degli articoli fondamentali di Einstein (incluso l'articolo sulla relatività ristretta del 1905) riporta il nome di Marić come coautrice, né ci sono tracce concrete che attestino l'influenza diretta dei suoi contributi scientifici in quei lavori.

Contesto della relazione personale.

La relazione tra Einstein e Marić fu complessa e segnata da alti e bassi. Nei primi anni, il loro rapporto sembra essere stato caratterizzato da una collaborazione intellettuale, ma gradualmente si deteriorò. Dopo il matrimonio e la nascita dei loro figli, Marić si dedicò principalmente alla famiglia, lasciando presumibilmente poco spazio per eventuali contributi scientifici successivi. Il loro divorzio, avvenuto nel 1919, fu aspro, e successivamente Einstein risposò sua cugina Elsa.

Il dibattito sul ruolo di Mileva Marić evidenzia temi più ampi legati alla marginalizzazione delle donne nella scienza, il che rende difficile determinare con precisione il suo contributo. Sebbene alcune lettere e circostanze del periodo sostengano l'idea di un suo possibile contributo, non esistono prove dirette che indichino che Marić abbia co-sviluppato le teorie scientifiche di Einstein. Tuttavia, il suo talento e la sua formazione rendono la questione degna di riflessione e ulteriore ricerca, contribuendo a una narrazione più inclusiva della storia della scienza.

Le principali argomentazioni a favore e contro l'ipotesi di una significativa collaborazione di Mileva Marić nello sviluppo della teoria della relatività possono essere così riassunte:

Fonti storiche.

Le principali fonti storiche utilizzate per ricostruire il ruolo di Mileva Marić nella ricerca scientifica sono le lettere scambiate tra Albert Einstein e Mileva Marić durante il periodo in cui erano studenti e giovani ricercatori.

Nonostante le ricerche approfondite sulla corrispondenza e sui documenti relativi ad Albert Einstein e Mileva Marić, non sembrano esistere, al momento, lettere o documenti inediti che possano fornire informazioni conclusive o significativamente nuove sul ruolo di Mileva Marić nello sviluppo della teoria della relatività.

Le lettere tra Einstein e Marić già note e pubblicate sono state ampiamente analizzate dagli studiosi. In particolare, alcune frasi, come i riferimenti al "nostro lavoro", sono state interpretate da alcuni ricercatori come possibili indizi del contributo di Marić, ma rimangono troppo vaghe e non supportate da prove concrete, come pubblicazioni o manoscritti firmati congiuntamente. La mancanza di documentazione diretta o esplicita in lavori scientifici, unita al contesto storico segnato da pregiudizi di genere, ha reso difficile determinare con precisione quali fossero i loro ruoli nelle collaborazioni.

Detto questo, non si può escludere totalmente che nuovi documenti possano emergere in futuro, ma la probabilità appare limitata, data la vastità delle ricerche già condotte negli archivi correlati. Eventuali ritrovamenti potrebbero offrire spunti di riflessione, ma allo stato attuale nessun ulteriore materiale comprovante è stato scoperto.

Valutazioni sul caso. Centralità di Einstein e invisibilità di Marić.

Il contributo di Mileva Marić al lavoro scientifico di Albert Einstein è stato oggetto di una valutazione complessa e mutevole da parte degli storici della scienza nel corso del tempo. Le interpretazioni sono cambiate significativamente a seconda delle fonti disponibili, dei metodi di analisi storica e del contesto culturale e sociale.

Fino alla metà del XX secolo, la storia della scienza tendeva a concentrarsi principalmente su figure maschili, come Albert Einstein, mentre il contributo delle donne in generale, inclusa Marić, veniva in gran parte ignorato. All'epoca, Mileva Marić era vista quasi esclusivamente come la compagna e moglie di Einstein, senza che le sue capacità scientifiche fossero prese in considerazione. Questo era in parte dovuto alle dinamiche di genere dell'epoca e a fonti documentarie limitate su Marić.

Fra gli anni '80 e '90, grazie al crescente interesse per il ruolo delle donne nella storia della scienza, la figura di Mileva Marić iniziò a essere rivista da alcuni storici, in particolare dopo la pubblicazione delle lettere tra Einstein e Marić. Alcune di queste lettere contengono riferimenti a "nostro lavoro" ("*unsere Arbeit*" in tedesco), che hanno spinto alcuni studiosi a ipotizzare che Marić possa aver avuto un ruolo attivo nello sviluppo delle prime teorie di Einstein, inclusa la teoria della relatività.

Tra gli argomenti a favore del contributo di Marić vi sono:

- Le sue competenze matematiche: Marić aveva una solida formazione in matematica e fisica, acquisita durante i suoi studi al Politecnico Federale di Zurigo.
- Le lettere di Einstein: La corrispondenza tra Einstein e Marić durante il loro fidanzamento sembrerebbe implicare che i due abbiano lavorato insieme, con Einstein che menziona esplicitamente un "nostro lavoro".
- La marginalizzazione storica delle donne: Secondo alcune analisi, il nome di Marić potrebbe essere stato

omesso volutamente o inconsciamente dai contributi scientifici di Einstein data la discriminazione verso le donne nel mondo accademico dell'epoca.

Molti storici della scienza, in periodi più recenti, hanno tuttavia ridimensionato questa ipotesi, sottolineando che non ci sono prove dirette del fatto che Marić abbia contribuito in modo significativo al lavoro scientifico o alle pubblicazioni di Einstein. A sostegno argomentano:

- Assenza del nome di Marić nelle pubblicazioni: Nelle opere scientifiche di Einstein non vi è alcuna menzione esplicita o coautorialità che coinvolga Marić.
- Carattere delle lettere: Alcuni storici interpretano i riferimenti al "nostro lavoro" come indicazioni di discussioni filosofiche o accademiche tra i due, più che di una collaborazione formale.
- Le difficoltà personali di Marić: Dopo la perdita del loro primo figlio e il deterioramento del rapporto con Einstein, Marić sembra essersi progressivamente allontanata dal lavoro scientifico.

Oggi la questione del contributo scientifico di Mileva Marić rimane controversa. Molti storici tendono a riconoscere il suo talento e le sue competenze scientifiche, ma ritengono che manchino prove concrete per dimostrare un contributo diretto e significativo al lavoro di Einstein. Tuttavia, Mileva Marić è spesso ricordata come un esempio delle barriere che le donne hanno dovuto affrontare nella scienza del XX secolo. Da questa prospettiva, il suo caso ha stimolato una riflessione critica sulla sottovalutazione sistematica delle donne nella storia della scienza.

In sintesi, il contributo di Mileva Marić è stato storicamente sottovalutato, più recentemente rivalutato e oggi posto in un contesto più equilibrato, con attenzione sia alle sue capacità sia ai limiti documentali.

Difficoltà nel riconoscimento dei contributi femminili.

Il contesto storico e sociale in cui si sviluppò la fisica quantistica.

All'inizio del XX secolo, il mondo della scienza viveva una rivoluzione. La fisica classica, saldamente ancorata ai concetti di Newton e Maxwell, mostrava i suoi limiti. Le leggi tradizionali non riuscivano più a spiegare fenomeni all'avanguardia, come il comportamento delle particelle subatomiche o l'emissione di radiazione da corpi caldi (come il famoso corpo nero). Fu in questo contesto che nacque una nuova disciplina: la fisica quantistica. Albert Einstein, Max Planck, Niels Bohr, e Werner Heisenberg sono i nomi comunemente associati a questa rivoluzione intellettuale. Ma accanto a questi giganti, ci furono anche donne che diedero contributi fondamentali a questo campo, nonostante gli ostacoli immensi imposti dal contesto sociale e accademico dell'epoca.

All'epoca, l'istruzione superiore era un privilegio riservato quasi esclusivamente agli uomini. Le università più prestigiose in Europa, come quelle in Germania e in Francia, o non ammettevano le donne o le accoglievano relegandole a ruoli marginali. Una donna, per ottenere il diritto anche solo di sedersi in un'aula universitaria, doveva spesso sfidare convenzioni sociali, pregiudizi e persino leggi. La scienza era considerata un "territorio maschile". Se una donna osava varcarne i confini spesso veniva vista come una intrusa. Le carriere accademiche per le donne erano rare, le posizioni di prestigio quasi inesistenti.

Un'icona emblematica di questa discriminazione è Emmy Noether. Matematica straordinaria, Noether rivoluzionò la fisica con il suo teorema che lega le simmetrie alle leggi di conservazione, un principio fondamentale per la meccanica quantistica e relativistica. Tuttavia, all'inizio della sua carriera, Emmy Noether non poteva insegnare in autonomia. Le leggi tedesche non permettevano alle donne di ottenere una cattedra universitaria. Nonostante l'enorme rispetto da parte di colleghi illustri come David Hilbert e Albert Einstein, Emmy Noether fu costretta per anni a tenere lezioni sotto il nome di Hilbert, mentre lavorava gratuitamente come assistente.

Non meno eccezionale fu la figura di Lise Meitner, fisica austriaca che contribuì alla scoperta della fissione nucleare, un fenomeno centrale per la fisica del XX secolo. Meitner lavorò per anni presso l'Università di Berlino, ma tecnicamente non era formalmente assunta. Il suo collega Otto Hahn, con il quale condivise molte delle sue ricerche, ricevette il Premio Nobel nel 1944 per il lavoro sulla fissione nucleare. Meitner, invece, venne ignorata. Lo storico Max Perutz riconobbe successivamente questo torto (ma lo fece anche lo stesso Otto Hahn) sottolineando il ruolo cruciale di Meitner nella comprensione teorica del processo di fissione.

Come simbolo delle difficoltà affrontate dalle donne nelle discipline scientifiche, il contesto sociale del periodo non può essere ignorato. Per secoli, la cultura patriarcale aveva relegato le donne a ruoli subalterni, negando loro accesso all'istruzione superiore e al riconoscimento accademico.

"Il sesso di chi fa scienza non ha nulla a che vedere con l'importanza del lavoro svolto".

Così scrisse Marie Curie. Tuttavia, il mondo accademico fu lento nel cogliere questa semplice verità.

Oggi, lo studio delle vite di queste pioniere non è soltanto un omaggio al loro ingegno straordinario. È un promemoria di quanto sia stato difficile, e spesso doloroso, per le donne guadagnarsi uno spazio in un mondo scientifico costruito per escluderle. Se oggi la comunità scientifica globale si sforza di combattere le disparità di genere, lo deve alle battaglie silenziose, ma cruciali, combattute un secolo fa da donne come Noether, Meitner e molte altre. Sono loro che, con un lavoro invisibile o sottovalutato, hanno contribuito a plasmare la struttura profonda della scienza moderna.

Barriere istituzionali e difficoltà di riconoscimento.

La storia della fisica, e in particolare della teoria quantistica, è segnata dal genio di grandi figure femminili che hanno dovuto affrontare ostacoli enormi per poter emergere. In un panorama accademico dominato dagli uomini, le donne che ambivano a una carriera scientifica si trovavano a combattere non solo contro le complessità della ricerca, ma anche contro barriere di natura istituzionale e culturale. L'accesso limitato all'istruzione, l'esclusione da ruoli accademici permanenti e il mancato riconoscimento per i loro risultati sono stati ostacoli sistemici e pervasivi nel loro percorso.

Nei primi anni del Novecento, molte università europee e americane vietavano l'ammissione delle donne o offrivano loro percorsi estremamente limitati. Le giovani che sognavano di diventare scienziate spesso incontravano difficoltà già nella formazione di base. Un esempio emblematico è quello di Mileva Marić, una delle prime donne ad accedere al Politecnico di Zurigo nei primi del Novecento. Milena Marić, nota anche come compagna e collaboratrice di Albert Einstein, dovette faticare per essere accettata in un ambiente accademico ostile, frequentato quasi esclusivamente da uomini.

Marić non solo affrontò pregiudizi per il suo genere, ma dovette lottare anche contro una profonda solitudine professionale. Dopo il matrimonio con Einstein, il suo contributo agli studi di relatività e termodinamica è stato spesso omesso dalla narrazione ufficiale. Mentre Albert riceveva onori e riconoscimenti, Mileva si ritirava nell'ombra, stretta tra le pressioni accademiche e quelle familiari. Storie come la sua sono simbolo delle difficoltà strutturali che limitavano il pieno sviluppo delle carriere femminili.

Anche per le scienziate che riuscivano a superare le barriere educative, l'accesso a posizioni accademiche costituiva un altro ostacolo insormontabile. Le donne venivano spesso relegate a ruoli informali o mal retribuiti, anche quando avevano già dimostrato competenza eccezionale. Emmy Noether, una delle menti più brillanti della fisica matematica, ne è un esempio cruciale.

Emmy Noether, attiva nei primi decenni del Novecento, rivoluzionò la fisica teorica con il celebre teorema di Noether, che stabilisce il profondo legame tra simmetrie e leggi di conservazione. Nonostante ciò, all'Università di Göttingen, in Germania, le fu negato il diritto di insegnare con il proprio nome. Per molti anni, Emmy poté lavorare solo come assistente non ufficiale, grazie al sostegno di colleghi maschi come David Hilbert e Felix Klein. Famose sono le parole di Hilbert nel difenderla:

"L'università è una scuola, non una sauna. Non vedo perché una donna non possa insegnare".

Solo nel 1922, dopo una lunga battaglia, Emmy ottenne un titolo ufficiale, ma continuò a guadagnare cifre irrisorie rispetto ai colleghi uomini.

Gli ostacoli istituzionali non si fermavano all'insegnamento. Alle donne veniva spesso negato l'accesso alle attrezzature di laboratorio o alle risorse bibliografiche necessarie per condurre ricerche di alto livello. Nonostante queste limitazioni, figure come Noether continuarono a produrre studi fondamentali, mostrando una determinazione straordinaria.

Esclusione dai Meriti e dai Premi.

Anche quando le donne raggiungevano scoperte cruciali, spesso venivano tagliate fuori dal riconoscimento ufficiale. Questa esclusione fu particolarmente evidente nel caso di Lise Meitner. Fisica straordinaria, Meitner giocò un ruolo fondamentale nella scoperta della fissione nucleare alla fine degli anni Trenta. Lavorando a stretto contatto con Otto Hahn, Meitner fornì le basi teoriche che permisero di spiegare il fenomeno sperimentalmente osservato.

Ma quando nel 1944 a Hahn fu assegnato il Premio Nobel per la Chimica per la scoperta della fissione, il contributo di Meitner venne completamente ignorato. Lei, ebrea e rifugiata dalla Germania nazista, era stata costretta a lavorare in esilio, senza accesso diretto ai laboratori. Nonostante queste difficoltà, il suo contributo scientifico è innegabile. Il mancato premio è uno dei casi più eclatanti di discriminazione nella storia della scienza.

Meitner accettò l'ingiustizia con dignità, ma non senza esprimere il suo rammarico in privato. In una lettera, scrisse:

"Un successo non è mai il risultato di una sola persona. Ma quando si cancella il nome di chi ha contribuito, si minaccia la verità stessa della scienza".

Le difficoltà istituzionali che hanno segnato le vite di Marić, Noether, Meitner e di molte altre non sono solo episodi di discriminazione personale, ma mostrano un'intera struttura storica che ha limitato il contributo delle donne alla scienza. Eppure, nonostante questi ostacoli, il loro lavoro ha gettato le basi per una comprensione più profonda del mondo fisico.

Il loro esempio non rappresenta solo una battaglia per il progresso scientifico, ma anche per l'equità sociale. Ancora oggi, la loro storia ci ricorda che il talento non ha genere, e che per valorizzarlo è necessario abbattere ogni barriera.

La disparità di trattamento nella collaborazione scientifica.

La storia della scienza è attraversata da grandi collaborazioni, nelle quali i concetti più rivoluzionari hanno spesso preso forma grazie all'unione di menti brillanti. Tuttavia, nelle prime decadi della fisica moderna, queste collaborazioni non furono egualitarie. Quando le donne riuscirono a partecipare, il loro contributo fu frequentemente messo in ombra dai colleghi maschi e sistematicamente sottovalutato, relegandole a ruoli secondari o, peggio, negando loro riconoscimenti che spettavano di diritto.

Ciò potrebbe sembrare parte di una prassi accettata all'epoca, quando le collaborazioni nei contesti accademici maschili tendevano a escludere sistematicamente la paternità scientifica delle donne. Ma, a livello sociale, questa consuetudine rifletteva la percezione secondo cui il lavoro scientifico femminile era considerato un'estensione domestica, quasi invisibile, costruita "a supporto" dei colleghi uomini. Questa dinamica non solo danneggiò donne come Mileva Marić, ma contribuì anche a costruire una narrazione storica che ancora oggi riduce il ruolo delle scienziate del passato.

Lo schema si ripete in diversi altri esempi, dove l'asimmetria nei riconoscimenti seguiva logiche culturali più che scientifiche. Maria Goeppert Mayer, ad esempio, ricevette il Premio Nobel per la Fisica solo nel 1963 per il suo lavoro sul modello a gusci nucleari, ma per anni aveva svolto ricerche non retribuite, considerata un'outsider a causa del suo genere. Molti colleghi interpretarono il suo successo come "sorprendente", sottolineando il pregiudizio che una donna scienziata fosse un'eccezione anziché una possibilità reale.

Va notato che le collaborazioni tra uomini e donne nella scienza non furono sempre ineguali per un'origine deliberata: spesso furono prodotti del sistema sociale del loro tempo. Tuttavia, questo non giustifica l'ingiustizia storica che, in molti casi, è rimasta senza riparazione.

Un sistema di pubblicazione discriminatorio.

Un altro ostacolo cruciale era rappresentato dal sistema accademico stesso. Le pubblicazioni scientifiche erano (e sono tuttora) uno dei pilastri essenziali per costruire una reputazione nella comunità scientifica. Ma alle donne, fino alla metà del XX secolo, raramente era consentito firmare i propri lavori. Spesso gli articoli in cui avevano lavorato, magari fianco a fianco con i colleghi uomini, erano presentati esclusivamente con il nome degli uomini. Anche negli ambienti collaborativi, il dominio accademico maschile assicurava che il riconoscimento finale corrispondesse a chi aveva maggiore visibilità sociale.

Eppure, proprio in virtù delle collaborazioni sono emerse figure che hanno aumentato la consapevolezza di queste disuguaglianze. Negli ultimi anni, grazie a biografie e analisi storiche, sono finalmente emerse testimonianze che restituiscono parte della dignità a queste scienziate dimenticate. Nonostante ciò, il cammino verso l'equità è ancora lungo.

In conclusione, le collaborazioni scientifiche tra uomini e donne hanno vissuto, e in alcuni casi vivono ancora, dinamiche di disparità. Nei primi decenni del XX secolo, le donne non solo dovevano lottare per accedere a spazi scientifici dominati dagli uomini, ma spesso vedevano il proprio lavoro attribuito ad altri. La fisica quantistica, come altre branche delle scienze, contiene lezioni fondamentali – non solo su come trattare la materia e l'energia, ma anche su come correggere gli "errori di sistema" che sottrassero il giusto riconoscimento a chi lo meritava davvero. Rimane ai posteri il compito di ampliare il racconto storico e ridare voce a quelle collaboratrici dimenticate che hanno contribuito in modo fondamentale al progresso della conoscenza.

Il peso delle norme sociali e familiari.

Nel panorama dello sviluppo della teoria quantistica, l'apporto delle donne è stato spesso oscurato da una fitta rete di ostacoli sociali e familiari. Non era solo il mondo accademico a opporre resistenza al riconoscimento del lavoro femminile, ma anche la società nel suo complesso, che imponeva norme e ruoli rigidi. Durante il primo Novecento, le aspettative sociali relegavano le donne principalmente a ruoli familiari e domestici, scoraggiandole dall'intraprendere carriere scientifiche o penalizzandole nel caso in cui vi riuscissero.

Un esempio emblematico è quello di Lise Meitner, una delle menti dietro la scoperta della fissione nucleare. La società del suo tempo considerava quasi inaccettabile che una donna potesse dedicarsi alla fisica teorica con la stessa intensità di un uomo. Meitner non si sposò né ebbe figli, scelta che all'epoca non era affatto comune e che rifletteva le difficoltà di conciliare una carriera scientifica con le pressioni familiari e sociali.

Marie Curie, sebbene più famosa e celebrata rispetto ad altre scienziate della sua epoca, visse esperienze simili. Originaria della Polonia, dovette trasferirsi a Parigi per sfuggire alle limitazioni educative imposte alle donne nel suo Paese. Tuttavia, persino in Francia, dopo la morte del marito Pierre Curie, subì un'accentuata pressione sociale. La stampa parigina enfatizzava il suo ruolo di madre più che le sue scoperte scientifiche, e qualsiasi aspetto della sua vita personale era attentamente scrutinato, spesso per denigrarla. Nel suo caso, la combinazione di pregiudizio accademico e norme sociali permise alla società di tollerare il suo lavoro solo finché restava politicamente e culturalmente accettabile.

Un altro fattore cruciale era l'assenza di supporto professionale per le donne, un problema che rendeva l'ascesa nel mondo accademico ancora più ardua. Se per uomini come Niels Bohr o Albert Einstein esistevano vere e proprie reti di mentori, colleghi e circoli intellettuali pronti a supportarli, per le donne scienziate queste reti erano quasi inesistenti. Emmy Noether, una figura fondamentale nell'ambito della fisica matematica, ne è un esempio lampante. Noether, le cui conoscenze influenzarono direttamente lo sviluppo della meccanica quantistica e della teoria della relatività, fu per lungo tempo costretta a lavorare in una posizione non retribuita all'Università di Göttingen, perché la legge impediva alle donne di ottenere cattedre accademiche in Germania prima del 1920. Emmy Noether trovò un certo sostegno in colleghi maschi progressisti, ma non poté mai contare su una rete consolidata di donne mentori o su associazioni femminili di supporto.

A tale situazione contribuiva anche una diffusa convinzione culturale che presentava la scienza come un territorio prettamente maschile. I media, l'educazione e persino la letteratura dell'epoca alimentavano l'immagine dello scienziato come uomo solitario, dedito esclusivamente al lavoro intellettuale, un modello che non lasciava spazio alle donne. Questo stereotipo, interiorizzato dalla società, scoraggiava molte giovani donne dal perseguire una carriera scientifica, soprattutto quelle che provenivano da famiglie in cui si aspettavano che il loro ruolo primario fosse quello matrimoniale o materno.

Un esempio significativo dell'influenza delle aspettative familiari è Cecile DeWitt-Morette, una matematica e fisica del dopoguerra che contribuì agli sviluppi della fisica moderna, inclusi quelli legati alla teoria quantistica. La

DeWitt-Morette ricordò come nei suoi primi anni di studio, vari familiari cercassero di dissuaderla dall'intraprendere una carriera accademica, considerandola "non adatta a una donna" e incompatibile con la vita coniugale. Nonostante ciò, la DeWitt-Morette riuscì a proseguire i suoi studi, ma lo fece a costo di sacrifici personali enormi.

Infine, va sottolineato che la difficoltà nel conciliare una vita privata con l'impegno scientifico colpiva quasi esclusivamente le donne. Mentre i colleghi maschi disponevano spesso del supporto delle proprie mogli per gestire la vita familiare, le donne ricercatrici della stessa epoca non potevano contare su un analogo appoggio. La fisica italiana Laura Bassi è un caso eccezionale. Nel XVIII secolo riuscì a ottenere una cattedra universitaria e a portare avanti le sue ricerche nonostante si dica che avesse avuto otto figli. Tuttavia, la sua carriera fu inevitabilmente limitata dalla necessità di adempiere ai suoi doveri familiari, un compromesso che pochi suoi colleghi maschi furono chiamati ad affrontare.

Questi esempi illustrano come la battaglia per affermare il contributo delle donne alla teoria quantistica non sia stata combattuta soltanto nei corridoi delle università, ma anche nella società, nelle case e persino dentro le famiglie. Quel che oggi appare tanto ovvio – la possibilità che una donna diventi una scienziata a pieno titolo – è il risultato di un lento e arduo percorso che molte pioniere, con grande sacrificio, hanno intrapreso in condizioni avverse.

L'"Effetto Matilda".

La storia della fisica, come spesso accade nella narrazione delle grandi scoperte, è stata raccontata quasi esclusivamente dal punto di vista maschile. I protagonisti a cui si attribuiscono i progressi della teoria quantistica sono nomi celebri: Albert Einstein, Niels Bohr, Werner Heisenberg, Erwin Schrödinger. Questi uomini hanno lasciato un'impronta indelebile, è vero. Ma altre figure, altrettanto fondamentali, sono rimaste nell'ombra. Sono le donne della fisica quantistica, ignorate, sottovalutate o spesso estromesse dal grande palcoscenico della scienza.

Uno dei problemi principali della storiografia scientifica è l'invisibilità delle donne nei libri di testo. Ancora oggi, nelle aule e nei manuali accademici, il racconto della teoria quantistica si concentra su "geni solitari" maschili. Tuttavia, la scienza non è mai un'opera individuale. È il frutto di collaborazioni, discussioni e contributi complementari. Le donne che vi hanno partecipato attivamente sono state spesso relegate a ruoli secondari, nonostante il loro lavoro fosse cruciale.

Le difficoltà non erano solo accademiche. Le donne nella scienza, soprattutto nei primi decenni del Novecento, dovevano affrontare limiti culturali, sociali e familiari. L'idea dominante del tempo era che il ruolo femminile fosse principalmente quello di moglie e madre. L'accesso delle donne alle università era osteggiato. Persino le poche che riuscivano a superare queste barriere trovavano porte chiuse nel mondo accademico e scientifico ufficiale.

Quando le donne collaboravano con colleghi uomini, erano spesso invisibili nei lavori pubblicati o nelle conferenze. Il fenomeno noto come "effetto Matilda" descrive proprio questa ingiustizia sistematica: le idee delle donne venivano attribuite ai loro colleghi uomini, un problema che persiste fino ad oggi.

L'"*Effetto Matilda*" prende il nome da Matilda Joslyn Gage (1826–1898), un'attivista statunitense per i diritti delle donne e per il suffragio femminile. Gage fu una delle prime a sottolineare la sistematica svalutazione dei contributi delle donne, soprattutto nel campo scientifico e accademico, i cui meriti venivano spesso attribuiti a colleghi uomini. Il termine è stato coniato dalla storica delle donne e della scienza Margaret W. Rossiter nel 1993, per descrivere questo fenomeno.

La scelta del nome "Matilda" è un omaggio a Gage, che al suo tempo ha denunciato a lungo le ingiustizie di genere e il modo in cui le donne venivano cancellate o ignorate nella storia e nella società. In ambito scientifico e accademico, per esempio, molte scoperte fatte da donne sono state erroneamente attribuite a colleghi uomini (volontariamente o meno), perpetuando così il loro ruolo marginale nella cronaca ufficiale..

L'Effetto Matilda, quindi, non solo rende omaggio alla figura di Matilda Joslyn Gage, ma serve anche come simbolo di questa disparità sistemica e come promemoria per affrontare tali discriminazioni persistenti.

La necessità di riscrivere la storia.

Oggi, più che mai, emerge la necessità di una revisione storica. Non si tratta solo di rendere giustizia a figure marginalizzate, ma di offrire un quadro più accurato e rappresentativo della storia della scienza. Ignorare il contributo delle donne nella fisica genera una narrativa monca, che tradisce la complessità della realtà scientifica.

Ripristinare la verità significa restituire volti e nomi a chi ha reso possibili i progressi epocali della fisica. Significa insegnare alla prossima generazione di studenti – donne e uomini – che la scienza non ha genere, e che le barriere culturali possono essere abbattute.

La storia della fisica quantistica, dunque, è incompleta senza riconoscere i contributi straordinari delle donne. Non sono solo figure di contorno. Sono menti che hanno lavorato per generare i fondamenti stessi della disciplina. Non è mai troppo tardi per dare loro il posto che meritano: accanto, e non dietro, ai grandi nomi che tutti conosciamo.

Non è un'accusa agli scienziati uomini.

Quando si studia la storia della fisica, emerge chiaro il contributo straordinario delle donne nello sviluppo della teoria quantistica, spesso in condizioni avverse. Tuttavia, non soffermarsi sugli ostacoli affrontati esclusivamente dalle scienziate significherebbe omettere una parte essenziale del quadro: anche gli uomini furono vittime di un sistema che limitava la collaborazione e ostacolava il libero scambio di idee senza distinzione di genere. Come Albert Einstein osservò:

"La scienza è un'impresa meravigliosa quando libera dall'egoismo e dal pregiudizio".

Ma il pregiudizio ha avuto un peso da entrambi i lati. Non sarebbe giusto colpevolizzare gli scienziati uomini. Il genio delle donne quantistiche fu generalmente oscurato dagli schemi sociali, di cui furono vittime anche gli uomini. Molti uomini si trovarono intrappolati da un sistema che imponeva loro di mantenere la superiorità sociale, non tanto per inclinazione personale, quanto per obblighi sociali. Consideriamo Max Planck, uno dei padri della meccanica quantistica. Planck sostenne la carriera di alcune giovani scienziate, ma dovette affrontare critiche e ostracismi da parte di alcuni colleghi che non vedevano di buon occhio donne nei laboratori. Supportare le colleghe comportava rischi per la reputazione scientifica, a scapito di una piena collaborazione.

Un altro esempio significativo è rappresentato da Niels Bohr, che promosse un ambiente intellettuale aperto alla discussione e al merito. Il suo istituto di Copenaghen divenne un punto di riferimento per molti, uomini e donne, in cerca di una vera comunità scientifica. Tuttavia, anche Bohr si trovò a operare in una società in cui la segregazione tra generi era spesso data per scontata. La sua apertura non bastò a rompere completamente le barriere culturali del suo tempo.

La scienza come spazio neutro: merito oltre il genere.

La storia della teoria quantistica ci insegna che il progresso scientifico dipende dal merito e dalla cooperazione. Ci ricorda anche che i limiti della società si riflettono inevitabilmente nella scienza. Questo non significa che la responsabilità sia dei singoli scienziati, ma di un sistema culturale e istituzionale che ha ostacolato il talento—maschile e femminile—per generazioni.

Oggi possiamo guardare al passato con una prospettiva più ampia. Non è un'accusa agli uomini di allora, ma un invito agli uomini di oggi a fare ulteriori passi avanti. Superare egoismi e pregiudizi, come auspicava Einstein, significa riconoscere che il pensiero scientifico fiorisce solo quando messo al servizio di un ideale più grande: la ricerca della verità.

Ripensare ai sacrifici di figure come Lise Meitner e Max Planck ci sprona a creare un ambiente scientifico dove il merito prevalga sul pregiudizio, dove il genere diventi irrilevante. La scienza, diceva Einstein, non ha bisogno di ego, ma di collaborazione. E la collaborazione richiede la distruzione delle barriere culturali, non solo per il bene delle donne, ma per quello di tutti—uomini inclusi. Solo così il progresso scientifico potrà continuare a rispecchiare il meglio dell'umanità.

La resilienza delle donne nella costruzione della teoria quantistica.

Quando si parla della nascita della teoria quantistica, i grandi nomi della fisica – Planck, Einstein, Schrödinger, Heisenberg, Dirac, e tanti altri – occupano spesso il centro della scena. Eppure, dietro le quinte di questa rivoluzione scientifica, molte donne hanno lasciato un segno indelebile, purtroppo oscurato da pregiudizi, stereotipi e barriere sociali. Nonostante tutto, la loro resilienza, unita a una straordinaria dedizione, ha incastonato i loro nomi nella storia della fisica, anche se spesso solo n una visione postuma. La loro esperienza è un ammonimento e un'ispirazione, oggi più che mai.

La storia della scienza è costellata di menti brillanti, ma troppo spesso il contributo delle donne è rimasto sullo sfondo, offuscato dalla cultura patriarcale di un'epoca che non voleva riconoscerne il valore. Anche nella nascita della teoria quantistica, una delle pietre miliari della fisica moderna, ci sono donne che hanno lasciato un segno indelebile. Nonostante ostacoli sociali e accademici, la loro dedizione ha illuminato direzioni innovative. Alcuni di questi nomi, poco conosciuti rispetto ai giganti della disciplina, meritano di essere ricordati e celebrati.

Grete Hermann: matematica e filosofa dei quanti.

Una figura spesso trascurata è Grete Hermann (1901-1984), una matematica e filosofa tedesca. Hermann studiò con Werner Heisenberg e, negli anni '30, divenne una delle prime a indagare le fondamenta filosofiche della meccanica quantistica, concentrandosi sul dibattito tra il determinismo classico e il probabilismo quantistico. La sua opera più significativa, "*Die Naturphilosophischen Grundlagen der Quantenmechanik* (tedesco)", offrì una critica pionieristica al teorema di impossibilità di John von Neumann. Hermann fu una delle prime a dimostrare che il teorema non escludeva una realtà deterministica "nascosta", una questione che successivamente sarebbe stata approfondita da altri fisici, come John Bell.

Purtroppo, il contributo di Hermann non venne riconosciuto a pieno finché il dibattito non fu ripreso negli anni '60. Le sue idee, però, sono oggi considerate fondamentali per comprendere l'impatto epistemologico della teoria quantistica. Il suo lavoro dimostra come il pensiero critico delle donne abbia arricchito la fisica teorica, anche quando le strutture accademiche cercavano di metterle ai margini.

Maria Goeppert-Mayer: la donna che spiegò la struttura del nucleo atomico.

Tra le personalità femminili più importanti nella fisica quantistica spicca Maria Goeppert-Mayer (1906-1972), la seconda donna a ricevere il Premio Nobel per la Fisica, dopo Marie Curie. Nata in Germania, Goeppert-Mayer iniziò la sua carriera negli anni '30, affrontando non solo le difficoltà di essere donna in un ambiente dominato da uomini, ma anche le difficoltà economiche della Grande Depressione.

Negli anni '40, Goeppert-Mayer sviluppò il modello a "gusci nucleari" della struttura del nucleo atomico. Utilizzando concetti derivati dalla meccanica quantistica, Goeppert-Mayer dimostrò che i protoni e i neutroni all'interno del nucleo si distribuiscono in livelli energetici ben definiti, analogamente a come gli elettroni si muovono nei diversi orbitali atomici. Questo lavoro, pubblicato nel 1949, le valse il Nobel nel 1963, un riconoscimento tardivo per una scienziata fisica che a lungo aveva lavorato come semplice docente part-time, incapace di ottenere incarichi prestigiosi a causa del suo genere.

Goeppert-Mayer ebbe anche un ruolo importante nella diffusione del pensiero quantistico negli Stati Uniti. Il suo lavoro presso università prestigiose come quella di Chicago contribuì alla formazione di intere generazioni di fisici, anche se per decenni lavorò senza ricevere stipendio, limitata dalle convenzioni sociali dell'epoca.

Chien-Shiung Wu.

Un esempio emblematico di questa dinamica può essere ritrovato nel caso della scienziata donna Chien-Shiung Wu, cinese naturalizzata statunitense. Quest scienziata giocò un ruolo cruciale nello smantellamento della teoria della conservazione della parità negli anni '50. Chien-Shiung Wu, con esperimenti elegantemente progettati, dimostrò che le leggi della natura non sono sempre simmetriche rispetto al cambiamento di coordinate spaziali. Questo risultato rivoluzionario portò al Nobel per la Fisica, assegnato però ai suoi colleghi maschi.

Chien-Shiung Wu ha avuto un ruolo centrale nella dimostrazione della violazione della parità, una scoperta che ha avuto implicazioni rivoluzionarie nella fisica. La parità è il principio secondo cui le leggi della fisica devono rimanere invariate se le coordinate spaziali vengono invertite, come in uno specchio. Fino agli anni '50, questo principio era considerato fondamentalmente valido in tutte le interazioni fisiche. Tuttavia, Wu, con esperimenti altamente ingegnosi e precisi condotti nel 1956, dimostrò che nelle interazioni deboli (una delle quattro forze fondamentali della natura) il principio di parità non viene conservato. Questo significava che le leggi della natura non sono sempre simmetriche rispetto a cambiamenti spaziali, una scoperta profondamente controintuitiva e rivoluzionaria.

L'impatto della scoperta fu enorme. Cambiò il modo in cui i fisici comprendevano le interazioni fondamentali e obbligò la comunità scientifica a rivedere molte teorie. Inoltre, aprì nuovi campi di ricerca nell'ambito della fisica delle particelle e doveva essere vista come un cambio di paradigma nella comprensione dell'universo.

Nonostante il contributo cruciale di Wu, il premio Nobel per questa scoperta fu assegnato nel 1957 a Tsung-Dao Lee e Chen-Ning Yang, i teorici che avevano proposto l'ipotesi della violazione della parità e collaborato strettamente con Wu. Tuttavia, fu grazie al lavoro sperimentale di Wu che la loro ipotesi ebbe un fondamento verificabile. Il mancato riconoscimento a Wu è spesso citato come uno dei casi più significativi di discriminazione contro le donne nella scienza. Ciò rifletteva sia i pregiudizi di genere dell'epoca sia una più generale sottovalutazione dei contributi sperimentali rispetto a quelli teorici.

In termini di impatto, la scoperta di Wu rimane una pietra miliare nella storia della fisica e un esempio della necessità di riconoscere pienamente il contributo delle scienziate nel progresso scientifico.

Dorothy Wrinch (1894–1976).

Dorothy Wrinch era una scienziata interdisciplinare che combinava la matematica con la chimica teorica e la biologia. Era affascinata dalla complessità delle strutture biologiche e cercava di applicare modelli matematici per descriverle. Una delle sue principali ipotesi, formulata negli anni '30, fu la *"teoria del cyclol"*, una proposta per spiegare la struttura delle proteine.

La teoria del cyclol suggeriva che i legami delle proteine fossero organizzati in una struttura chiusa e ciclica, con collegamenti specifici tra gruppi funzionali. Questa fu una delle prime ipotesi audaci che tentavano di comprendere la struttura molecolare delle proteine prima che fossero disponibili tecniche sperimentali come la cristallografia a raggi X per verificarne la validità.

Sebbene la teoria del cyclol si sia rivelata errata in molti aspetti con il progredire delle conoscenze scientifiche, il lavoro di Wrinch stimolò un dibattito importante sulla natura delle proteine e sull'applicazione di approcci matematici e teorici alla biologia. Tuttavia, la comunità scientifica dell'epoca fu spesso critica nei suoi confronti, sia per il suo approccio innovativo che per il fatto che proveniva da una disciplina considerata "esterna."

Wrinch, nonostante le critiche, dimostrò come approcci interdisciplinari possano spingere avanti la comprensione scientifica, anche se le sue idee non furono pienamente valorizzate nel suo tempo.

I limiti della visione patriarcale.

Le difficoltà incontrate da queste scienziate non sono soltanto un capitolo doloroso della storia della fisica. Sono anche un invito a riflettere sulle dinamiche che, per secoli, hanno escluso le donne dal dibattito accademico, privando l'umanità di talenti e intuizioni indispensabili. Il mondo della fisica quantistica, con la sua complessità e la sua capacità di trasformare radicalmente il nostro modo di vedere il mondo, sarebbe stato impoverito senza il loro contributo. Come disse una volta Maria Goeppert-Mayer:

"Non esistono scienziati uomini o scienziati donne.
Solo scienziati".

Queste parole suonano come uno sprone a mettere da parte pregiudizi e stereotipi, per riconoscere finalmente il valore universale della ricerca e della passione per la conoscenza.

Oggi, celebrare queste donne significa non solo rendere giustizia al passato, ma anche creare un futuro in cui il talento, indipendentemente dal genere, possa emergere senza barriere.

Molte altre donne potrebbero essere citate. Tuttavia, ciò che accomuna gran parte di queste scienziate donne è la difficoltà che hanno incontrato nel veder riconosciuto il proprio lavoro. In molti casi, le loro scoperte vennero attribuite a colleghi uomini, o semplicemente ignorate dalle comunità scientifiche ufficiali..

Dietro questi nomi si nascondono molte altre storie meno conosciute, tutte accomunate da una straordinaria forza d'animo. Queste donne sfidarono non solo le convenzioni sociali del loro tempo, ma anche i meccanismi complessi della scienza dominata da un sistema patriarcale. I loro ostacoli non furono soltanto istituzionali, ma anche personali, spesso legati alle aspettative di genere, ai vincoli familiari e alla necessità di imporsi in una società che, per troppo tempo, ne ha ignorato il valore.

Oggi, riconoscere il contributo di queste scienziate non significa solo rendere giustizia alla storia. Significa aprire uno spazio di consapevolezza per le giovani generazioni di scienziate. La fisica moderna, e in particolare la teoria quantistica, è una costruzione collettiva: nei mattoni fondamentali di questa impresa, c'è il contributo di donne che hanno avuto il coraggio di pensare diversamente, di immaginare l'invisibile e di affrontare un percorso disseminato di ostacoli, senza mai perdere di vista il loro obiettivo. Come sottolineava Lise Meitner:

"La vita non deve essere facile, ma dev'essere vissuta con coraggio".

Questo coraggio, vissuto con ostinata determinazione da queste donne, non solo ha plasmato il mondo della fisica, ma continua a essere un potente invito per le giovani menti del nostro tempo. Che si trovino in un laboratorio o dietro agli schermi dei supercomputer, la nuova generazione di scienziate può trarre ispirazione da queste storie.

Riaffermiamo oggi la loro eredità. Celebriamo i loro successi. Ricordiamo le loro lotte. E soprattutto, apriamo nuove strade, affinché la scienza del futuro non conosca più barriere di genere, lasciando spazio soltanto al talento, alla passione e alla voglia di scoprire ciò che ancora ci sfugge.

Il contributo delle donne nello sviluppo della teoria quantistica.   55

Perché parlare di donne nella teoria quantistica?

Il significato storico, scientifico e culturale di una narrazione inclusiva.

Per secoli, la scienza è stata narrata come un'impresa prevalentemente maschile. Le grandi rivoluzioni scientifiche, dalla fisica classica alla fisica quantistica, hanno costruito le loro fondamenta su una rete complessa di intuizioni, studi ed esperimenti. Tuttavia, la storia ha spesso taciuto i contributi delle donne, lasciando molte di loro nell'ombra. Parlare del ruolo delle donne nello sviluppo della teoria quantistica è fondamentale per diversi motivi: storici, scientifici e culturali.

La storia della scienza è stata scritta, per secoli, quasi esclusivamente da uomini. Questo non significa che le donne non abbiano partecipato. Significa invece che i loro contributi sono stati ignorati o minimizzati, spesso persino attribuiti ad altri. Per lungo tempo, l'accesso delle donne alle istituzioni scientifiche è stato limitato, e anche quando le loro idee hanno inciso profondamente su teorie e scoperte, il loro nome è spesso scomparso.

Raccontare le loro storie non è solo un gesto di giustizia storica, ma anche un modo per restituire un quadro più accurato e obiettivo del progresso scientifico. Senza di loro, la scienza rischia di sembrare un'impresa meno diversificata di quanto sia stata realmente.

L'importanza della diversità nelle idee scientifiche.

La teoria quantistica, nata all'inizio del XX secolo, ha rivoluzionato il nostro modo di vedere il mondo. Ha messo in crisi l'idea classica di un universo deterministico, introducendo concetti come la sovrapposizione di stati, l'entanglement e l'indeterminazione. Questa nuova visione della realtà ha richiesto menti aperte, capaci di immaginare possibilità che sfidavano l'intuizione.

In questo contesto, è stato dimostrato che la diversità di prospettive arricchisce il pensiero scientifico. Il contributo delle donne è parte integrante di questa diversità.

Per esempio, Maria Goeppert-Mayer vinse il Premio Nobel per la Fisica nel 1963 per il suo lavoro sul "*modello a guscio*" del nucleo atomico. Utilizzando concetti della meccanica quantistica, dimostrò che protoni e neutroni all'interno del nucleo sono distribuiti in livelli di energia ben definiti, analogamente agli elettroni negli atomi. La sua teoria venne pubblicata nel 1949 ed ebbe un impatto fondamentale nella comprensione della struttura nucleare.

Eppure, per decenni, Goeppert-Mayer lavorò senza uno stipendio, relegata a posizioni scientifiche marginali solo perché era donna.

Inserire queste figure femminili nella narrazione scientifica non modifica solo il passato, ma offre modelli per il futuro. Ogni volta che una giovane studiosa scopre la storia di donne innovatrici come Goeppert-Mayer o Meitner, capisce che può avere un ruolo attivo nella scienza. La memoria conta, non solo dal punto di vista del merito, ma anche per ispirare nuove generazioni.

Il significato culturale di una storia inclusiva.

La teoria quantistica non riguarda solo la scienza: ha influenzato la filosofia, la letteratura e la nostra comprensione del mondo. Movimento e incertezza, due temi centrali nella fisica quantistica, sono stati ripresi da autori come Borges e Calvino, e persino dall'arte moderna. Questo dimostra che le scoperte scientifiche non vivono isolate, ma intersecano la cultura.

Se escludiamo le donne da questa storia, costruiamo un'immagine distorta anche dal punto di vista culturale. Paradossalmente, proprio la teoria quantistica, che ha messo in crisi la visione deterministica e rigida dell'universo, è stata raccontata attraverso una lente che esclude una parte della realtà: il contributo femminile. Parlare di donne nella teoria quantistica significa, quindi, mettere in discussione un pregiudizio che ancora oggi influenza il nostro modo di pensare.

Un esempio illuminante è il commento di Ruth Lawrence, matematica di fama:

"La scienza è una rete di connessioni. Escludere qualcuno da questa rete non è solo ingiusto: significa rendere il sistema complessivamente più debole."

Questa frase racchiude l'essenza del problema. Raccontare le storie delle donne nella scienza non è una questione politica, ma una questione di verità storica e culturale.

Ripensare la storia della scienza in modo inclusivo non significa riscriverla, ma completarla. La fisica quantistica, che rivoluziona il nostro modo di vedere l'universo, ci insegna che la realtà è spesso più complessa e sorprendente di quanto appaia a prima vista. Allo stesso modo, riportare alla luce i contributi dimenticati delle donne significa restituire complessità e ricchezza alla storia della scienza.

Solo includendo tutti i protagonisti possiamo capire appieno il valore delle grandi rivoluzioni scientifiche. Lo ha detto anche la fisica Cecilia Payne-Gaposchkin, una pioniera nel campo dell'astrofisica:

"La scienza appartiene a tutti, uomini o donne che siano. Le sue domande non hanno colore né genere."

Questa è la lezione più importante: la scienza è universale, ma solo se includiamo tutte le voci al suo interno. Raccontare delle donne nella teoria quantistica non è solo questione di rendere giustizia al passato, ma di costruire un futuro in cui il mondo scientifico sia davvero di tutti.

La teoria quantistica come punto di snodo tra filosofia e scienza.

La nascita della teoria quantistica non è stata solo un'evoluzione della scienza, ma una vera rivoluzione culturale. Essa ha sfidato non solo il paradigma classico della fisica, fondato su determinismo e prevedibilità, ma anche il modo in cui concepiamo il mondo. Parlare delle donne che hanno contribuito a questa rivoluzione significa correggere una lacuna storica che ha reso invisibili figure fondamentali e, al tempo stesso, comprendere meglio la natura stessa del cambiamento portato dalla fisica quantistica: un cambiamento fatto di apertura mentale, immaginazione e diversità.

La teoria quantistica, sviluppata all'inizio del XX secolo, ha costretto scienziati e pensatori a mettere in discussione le certezze del passato. L'universo non era più una macchina prevedibile, come immaginato da Newton, ma si rivelava una realtà piena di paradossi. Superposizione, entanglement quantistico, indeterminazione: concetti controintuitivi che richiedevano coraggio e flessibilità intellettuale per essere accettati. In un contesto già di per sé rivoluzionario, le donne si sono fatte strada nonostante ostacoli culturali enormi.

La teoria quantistica oltre la scienza.

Parlare delle donne che hanno contribuito alla teoria quantistica significa anche esplorare un fenomeno più ampio. Questa disciplina non ha influenzato solo il mondo della fisica ma ha avuto importanti ripercussioni culturali. Nei primi decenni del Novecento, intellettuali come Virginia Woolf e James Joyce riflettevano nelle loro opere sulla dissoluzione della linearità e della razionalità che caratterizzava il pensiero classico, concetti che dialogavano con le scoperte della fisica quantistica.

La teoria quantistica, con la sua sfida alla concretezza classica, richiedeva prospettive uniche. La presenza femminile in questo campo ha portato proprio quella diversità di pensiero necessaria a immaginare mondi che uscivano dal rigido determinismo scientifico. Gli uomini e le donne che hanno affrontato la sfida quantistica hanno dovuto vedersi non più come "maestri della natura", ma come esploratori di un universo il cui comportamento sfugge alla comprensione immediata.

Dare voce alle donne che hanno contribuito alla teoria quantistica vuol dire anche rivedere l'immagine culturale della scienza. La narrazione tradizionale della fisica spesso descrive i suoi protagonisti come solitari "geni" maschili.

Questa non è solo una caricatura, ma una distorsione storica. L'assenza delle donne dalle grandi storie del progresso scientifico non riflette la realtà, ma è il risultato di pregiudizi sistemici che per lungo tempo hanno impedito loro di ottenere ruoli di rilievo e il giusto riconoscimento.

Immaginiamo per un attimo i laboratori di Berlino, Vienna o Princeton nei primi decenni del Novecento. Erano ambienti dominati da uomini, dove le donne dovevano lottare per ottenere spazio, rispetto e tempo per il loro lavoro. Eppure, tra queste difficoltà, figure come Lise Meitner, Maria Goeppert-Mayer e molte altre hanno saputo portare il loro contributo con immensa determinazione.

Dare importanza a queste storie non è solo un atto di giustizia, ma anche un modo per ispirare le future generazioni, dimostrando che scienza, immaginazione e rivoluzione culturale non conoscono genere.

Il contributo delle donne come esempio del valore di una prospettiva cognitiva diversificata.

Raccontare la storia della teoria quantistica senza riconoscere il contributo delle donne significa raccontare solo metà della verità. La scienza, come ogni impresa umana, è il prodotto di una collettività. Tuttavia, per secoli, questa collettività è stata rappresentata e narrata esclusivamente al maschile. Parlare delle donne nella teoria quantistica permette non solo di renderle visibili, ma anche di riconoscere il valore di una prospettiva cognitiva diversificata.

Ci sono almeno due motivi cruciali per aprire questa porta. Da una parte, le storie delle scienziate sfidano l'idea, spesso ancora implicita, che la produzione di grandi innovazioni scientifiche sia stata un monopolio maschile. Dall'altra parte, il contributo delle donne alla teoria quantistica sottolinea l'importanza della varietà di approcci e sensibilità nella ricerca scientifica. L'ingresso di punti di vista diversi nella scienza non arricchisce soltanto i risultati, ma determina anche nuovi modi di affrontare domande complesse.

Un nome da non dimenticare è quello di Emmy Noether, una delle menti matematiche più brillanti del XX secolo. Il suo "*teorema di Noether*", pubblicato nel 1918, ha stabilito un legame profondo tra le simmetrie in fisica e le leggi di conservazione. Questo principio non solo ha rivoluzionato la fisica teorica, ma ha fornito strumenti indispensabili per lo sviluppo della meccanica quantistica e delle teorie dei campi.

Eppure, nonostante il suo contributo, Emmy Noether ha dovuto affrontare ostacoli enormi. Il contesto accademico tedesco di inizio Novecento relegava le donne a ruoli marginali. Emmy, inizialmente, non poteva neppure insegnare senza l'appoggio diretto dei colleghi maschi. Persino Albert Einstein, che riconosceva il suo genio, dovette intervenire per promuovere un riconoscimento tardivo al suo lavoro. Non c'è dubbio che la sua capacità di vedere connessioni inaspettate fosse un riflesso non solo del suo talento unico, ma anche della sua determinazione contro i limiti imposti dal suo tempo.

La "prospettiva nascosta" delle scienziate.

Parlare di donne nella teoria quantistica significa anche interrogarsi su come la loro presenza abbia influenzato il modo di fare scienza. Le scienziate hanno spesso portato un *"pensiero laterale"*, cioè un approccio meno lineare ai problemi. Storicamente, le donne scienziate si sono trovate ai margini delle strutture accademiche tradizionali. Questa posizione le ha costrette a vedere la scienza da angolazioni diverse.

Marie Curie, è un esempio di questa tensione. Relegata inizialmente a lavorare in laboratori poco attrezzati e privi di risorse, è riuscita ad affrontare questioni scientifiche complesse proponendo metodi innovativi.

La scienza, nei primi decenni del XX secolo, era ancora un campo fortemente dominato dagli uomini. Marie Curie rappresenta un caso emblematico. Sebbene il suo nome sia più strettamente legato alla teoria atomica e alla chimica radiologica, il suo lavoro ha gettato le fondamenta per importanti sviluppi della fisica quantistica, un traguardo raggiunto in condizioni di enorme difficoltà personale e professionale.

Marie Curie, nata Maria Skłodowska a Varsavia nel 1867, studiò in clandestinità in Polonia sotto il dominio zarista e si trasferì a Parigi nel 1891. Al tempo, le università francesi raramente accettavano donne tra i propri iscritti. Marie, però, non si fermò. All'Università della Sorbona, lavorò in laboratori poveri e mal equipaggiati, spesso senza riscaldamento. Nonostante questo, riuscì, insieme al marito Pierre Curie, a isolare il radio e il polonio. I metodi sperimentali utilizzati da Marie portarono nuovi standard di precisione scientifica, anticipando uno degli approcci fondamentali poi incorporati nella fisica quantistica: l'osservazione diretta e la misurazione precisa dei fenomeni.

Un aneddoto significativo racconta della cerimonia del Premio Nobel per la Fisica che Marie vinse nel 1903. Inizialmente, il comitato non poteva immaginare di includere una donna e aveva proposto di premiare solo Pierre Curie e Henri Becquerel. Solo l'insistenza di Pierre, che riconobbe apertamente il contributo determinante di sua moglie, costrinse il comitato a includere Marie tra i premiati. Nonostante ciò, la comunità scientifica continuò a guardare Marie con sospetto. Alla sua candidatura per l'Accademia delle Scienze francese nel 1911, molti suoi colleghi votarono contro di lei, sostenendo che *"una donna non poteva essere accolta in un ambiente accademico riservato agli uomini"*.

Il lavoro di Marie Curie non influenzò solo la fisica atomica. La sua scoperta delle radiazioni e la teoria sviluppata nello studio del decadimento radioattivo resero possibile lo sviluppo del concetto di "quantizzazione" dell'energia, formalizzato qualche decennio dopo. Max Planck, il padre ufficiale della fisica quantistica, riconobbe nel lavoro di Marie Curie una fonte d'ispirazione. Marie applicò un metodo innovativo per misurare il livello di radioattività di diversi elementi, utilizzando strumenti sviluppati appositamente nei suoi laboratori. In una lettera famosa, il fisico Albert Einstein scrisse di lei:

"Madame Curie è forse la sola di cui la fama non ha mai corrotto l'onestà intellettuale".

Nel corso del tempo, è emerso quanto il suo trattamento in ambito accademico fosse emblematico di una sfida più ampia affrontata da molte donne della sua epoca. Tra queste ricordiamo Grete Hermann, una giovane filosofa e fisica tedesca che si oppose fieramente alle interpretazioni deterministiche del mondo quantistico. Hermann contribuì al dibattito sulla meccanica quantistica con una critica matematica all'interpretazione di von Neumann, riconoscendo il ruolo centrale della probabilità nei fenomeni subatomici, ma il suo lavoro ricevette poca attenzione nella comunità accademica.

Anche Cecilia Payne-Gaposchkin, pur operando nel campo dell'astrofisica, si scontrò con il muro del pregiudizio. Nei suoi studi sulle linee spettrali, Payne-Gaposchkin dimostrò che le stelle erano composte quasi interamente di idrogeno, un risultato che rafforzava la fisica atomica e quantistica applicata al cosmo. Tuttavia, il suo lavoro venne per anni attribuito agli scienziati maschi che la circondavano, e solo molto più tardi ricevette i giusti riconoscimenti.

Nel caso di Chien-Shiung Wu, la rilevanza del suo contributo alla meccanica quantistica si nota nel famoso esperimento del 1956 sulla violazione della parità. Sebbene la scoperta fosse rivoluzionaria, il merito principale andò ai fisici teorici che crearono il quadro teorico, mentre a Chien-Shiung Wu, che progettò e realizzò l'esperimento, non venne assegnato il Premio Nobel.

Gli esempi mostrano un quadro doloroso, ma affascinante, dell'impatto delle donne nella scienza. Ancora oggi, il lavoro di molte di esse emerge retrospettivamente, svelando una storia di talento soffocato dalla discriminazione. Marie Curie, con la sua dedizione metodica, la sua capacità di superare immense difficoltà e la sua ostinazione nel cercare la verità scientifica, rimane un simbolo di questa tensione. Il suo esempio ci invita a riflettere su quanto i pregiudizi abbiano rallentato lo sviluppo della conoscenza umana, ma anche su quanto lo spirito umano possa resistere alle avversità.

Simili percorsi si ritrovano nella storia della teoria quantistica. È come se la marginalizzazione - paradossalmente - avesse affinato in molte scienziate la capacità di riconoscere l'invisibile, proprio come accade nel mondo subatomico.

Visioni molteplici per un arricchimento della scienza.

È importante notare che la diversità non è solo un aspetto etico, ma una vera risorsa cognitiva. La teoria quantistica, come intuì Niels Bohr, ha sfidato il nostro modo di vedere il mondo. La complementarità, uno dei principi fondamentali della fisica quantistica, ci insegna che due prospettive apparentemente contraddittorie possono coesistere e fornire una visione più completa. Lo stesso principio dovrebbe valere per chi fa ricerca: l'interazione tra idee, esperienze e punti di vista diversi produce innovazione.

La storia delle donne nella teoria quantistica è un esempio. La loro presenza ha contribuito al progresso non solo perché hanno fatto scoperte uniche, ma perché hanno introdotto modi nuovi di pensare. In un mondo scientifico ancora influenzato da dinamiche gerarchiche, queste prospettive "alternative" hanno ampliato l'orizzonte della conoscenza.

Perché, dunque, parlare di donne nella teoria quantistica? Perché la scienza non è solo un insieme di formule e teoremi. La scienza è una storia umana e, come tale, deve riflettere tutti i suoi protagonisti. Mettere in luce i contributi delle scienziate significa, in fondo, rendere la scienza più equa, accessibile e ricca.

In un'epoca in cui l'inclusività è divenuta un valore centrale, i nomi come quello di Emmy Noether o Grete Hermann ci ricordano quanto sia importante guardare al passato con occhi nuovi. Come in un esperimento di meccanica quantistica, osservare la storia cambia ciò che siamo in grado di vedere. E forse, grazie a questa nuova consapevolezza, il futuro della scienza sarà non solo più giusto, ma anche più creativo.

II°. Alle origini della rivoluzione quantistica.

"Il contributo delle donne alla scienza non sta solo nelle scoperte, ma nella capacità di vedere il mondo da prospettive nuove e profonde." (Carl Sagan)

I primi passi verso il mondo quantistico.

Nei primi anni del XX secolo, la scienza stava vivendo un momento di trasformazione epocale. I concetti classici iniziavano a vacillare sotto il peso di esperimenti che non riuscivano a essere spiegati con le leggi della fisica newtoniana. Fu in questo fermento che si gettarono le basi per la teoria quantistica. Tuttavia, come in molti altri campi scientifici, il ruolo delle donne rimase perlopiù invisibile, sebbene alcune di loro abbiano contribuito in modi sorprendenti e duraturi.

Un nuovo mondo in laboratorio.

Tra la fine dell'Ottocento e l'inizio del Novecento, i laboratori di fisica erano ancora dominati dagli uomini. Tuttavia, le donne iniziarono a entrare in scena, spesso relegate a ruoli secondari o costrette a lavorare nell'ombra, a causa dei pregiudizi dell'epoca. Fu proprio in quegli anni che Edith Clarke, matematica americana, e Hertha Ayrton, ingegnera britannica, facevano parlare di sé con ricerche sui campi elettrici e i fenomeni elettromagnetici. Anche se non impegnate direttamente nella nascente teoria quantistica, queste scienziate dimostravano che le donne potevano eccellere in un mondo che le escludeva sistematicamente.

In Germania, uno dei centri del fervore scientifico, alcune università iniziarono a permettere l'accesso alle donne solo dopo il 1900. Questo cambiamento, seppur lento, aprì la strada a figure come Lise Meitner, che, pur concentrata inizialmente sulla fisica atomica più che sulla teoria quantistica, sarebbe diventata una pioniera delle scoperte sulla fissione nucleare.

Ogni rivoluzione comincia con frammenti di intuizioni. Alla fine del XIX secolo, l'attenzione della scienza si concentrò sul problema della radiazione del corpo nero. Il fisico Max Planck introdusse nel 1900 il concetto di quanto d'energia per spiegare la distribuzione spettrometrica della radiazione: una scoperta che cambiò la storia. Non si conoscono donne direttamente coinvolte in questa fase embrionale della fisica quantistica, ma senza di essa non si sarebbero mai aperte le porte per i contributi femminili nelle fasi successive.

Donne e "quanti": un inizio difficile.

Una delle prime ricercatrici che si avvicinò al nascente campo della fisica teorica fu Grete Hermann. Già protagonista del lavoro sulla meccanica quantistica riguardo al principio di indeterminazione, Hermann rappresenta uno dei primi esempi di donne che iniziarono a interrogarsi sulle implicazioni filosofiche della quantistica. Ma, ancora agli albori di questa rivoluzione scientifica, la sua presenza e quella di altre donne rimase marginale.

Esistono però storie meno note, come quelle di donne che furono assistenti, calcolatrici umane o tecniche di laboratorio. Questi ruoli, apparentemente secondari, furono cruciali per la realizzazione di esperimenti chiave. Nel laboratorio di Rutherford a Manchester, dove emerse il modello planetario dell'atomo, alcune assistenti prepararono i materiali e gestirono le delicate strumentazioni. Nonostante il loro importante lavoro, i loro nomi non sono stati tramandati.

Le difficoltà che le donne affrontavano non erano solo professionali, ma culturali. Per esempio, nel 1903, quando l'Università di Gottinga ammise Emmy Noether, un professore la descrisse come un'anomalia. Nonostante queste barriere, altre università iniziarono a includere lentamente le donne. Berlino, Gottinga e Parigi divennero i principali centri di aggregazione per le menti più brillanti, indipendentemente dal genere.

I primi passi della rivoluzione quantistica videro pochissime donne protagoniste dirette. Tuttavia, la tenacia di alcune, come Marie Curie ed Emmy Noether, aprì una strada che altre avrebbero percorso. La loro presenza, benché minoritaria, fu un seme fondamentale per la crescita di un mondo scientifico più inclusivo. Alessandrine silenziose in un mondo ostile, esse incarnarono una promessa: che persino la fisica quantistica – così rivoluzionaria e complessa – avrebbe tratto beneficio dalla diversità di prospettive.

Le "Alessandrine silenziose".

Il termine "Alessandrine silenziose" potrebbe effettivamente richiamare Ipazia, dato il suo legame simbolico con Alessandria e il suo ruolo unico nella storia della scienza e della filosofia. Ipazia è stata una figura straordinaria dell'antichità, un esempio lampante di una donna il cui contributo intellettuale è stato significativo, nonostante le condizioni sociali dell'epoca e le equazioni di potere culturali che tendevano a marginalizzare figure femminili.

Nel contesto metaforico del termine, Ipazia incarnerebbe perfettamente l'idea di una "Alessandrina silenziosa": una donna di grande resilienza e forza, la cui voce e opera hanno contribuito in silenzio ma in modo fondamentale allo sviluppo della conoscenza, anche se spesso ignorata o riscritta dalla storia. Ipazia non era propriamente "silenziosa" nel senso comune, ma piuttosto la sua eredità e il significato della sua figura sono sopravvissuti nonostante il tentativo dell'oblio o dell'oscuramento della sua importanza. Questo si riallaccia perfettamente al concetto di forza intellettuale "silente" attribuito ad altre donne nella scienza, come quelle in fisica quantistica.

Pertanto, il collegamento con Ipazia è molto evocativo, considerando il simbolismo di Alessandria come centro del sapere, e il suo essere stata una delle prime figure femminili a distinguersi in campi considerati tradizionalmente maschili.

Con il germogliare dei semi della teoria quantistica, l'accesso delle donne alla scienza iniziava lentamente ad allargarsi. La rivoluzione scientifica, come ogni rivoluzione, sarebbe stata incompleta senza il contributo di tutte le menti, indipendentemente dal genere. E così, mentre la fisica moderna si addentrava nel misterioso mondo dei quanti, le donne cominciavano a preparare il terreno per un ruolo sempre più significativo.

La crisi della fisica classica e le prime teorie sui quanti.

Alla fine dell'Ottocento, la fisica classica si reggeva su due solide colonne: la meccanica newtoniana e l'elettromagnetismo di Maxwell. Esprimeva un ideale di ordine e prevedibilità. Un mondo comprensibile, governato da leggi deterministiche. Ma all'alba del XX secolo, questo edificio cominciò a mostrare crepe. Fenomeni all'apparenza inspiegabili segnarono una crisi: la fisica classica non era più sufficiente.

Il caso più emblematico fu il problema della radiazione del corpo nero. Questo fenomeno riguardava il modo in cui gli oggetti emettono energia termica. I fisici del tempo cercavano un'equazione capace di descrivere la distribuzione della radiazione emessa da un corpo riscaldato a diverse temperature. L'obiettivo della ricerca era fortemente economico, la riduzione dei costi della illuminazione pubblica. Questa sfida mise in crisi l'intero sistema di pensiero della fisica classica. I calcoli tradizionali portavano a risultati impossibili: prevedevano un'energia infinita alle alte frequenze, la cosiddetta "catastrofe ultravioletta".

Max Planck, fisico tedesco, cercò di risolvere il problema. Nel 1900, lavorando a Berlino, propose un'idea rivoluzionaria. Planck ipotizzò che l'energia non fosse emessa in modo continuo, come si pensava fino ad allora. L'energia era invece suddivisa in "pacchetti" discreti, che chiamò "quanti di energia". Planck scrisse:

"L'ipotesi sembra assurda, ma è necessaria" (in tedesco: Die Hypothese klingt an sich absurd, aber ich fand sie unumgänglich).

Nessuno si era mai spinto così lontano. Con quella teoria, Planck introdusse una frattura nel pensiero classico. Si apriva così la strada alla nascita della meccanica quantistica.

Ma dietro le quinte della scoperta di Planck si trovano storie meno conosciute. Tra i collaboratori e allievi di Planck, alcune donne cominciavano a emergere. Nei laboratori tedeschi e nelle università, tra mille ostacoli, le scienziate cercavano spazio in un mondo accademico ancora profondamente maschile.

Un nome significativo è quello di Lise Meitner. Nata nel 1878 a Vienna, Meitner si formò all'Università di Berlino, proprio nell'ambiente dove Planck insegnava. Nel 1907, Meitner entrò a far parte del gruppo di ricerca guidato da Planck. La giovane Lise mostrò una straordinaria capacità analitica. Anche se verrà ricordata soprattutto per i contributi futuri alla fisica nucleare, i primi anni di studio la misero in stretto contatto con gli sviluppi della teoria quantistica. Meitner partecipò ai vivaci dibattiti dell'epoca e osservò in prima persona il tumulto intellettuale che accompagnava il crollo della fisica classica.

Un'altra figura da non trascurare è Grete Hermann. Nata nel 1901, Hermann rappresenta il ponte tra filosofia e fisica. Negli anni Venti, lavorò su questioni matematiche legate alla teoria quantistica. Sebbene fosse troppo giovane per partecipare agli sviluppi diretti delle scoperte di Planck, Hermann rappresenta un esempio di come il pensiero scientifico femminile iniziò a interagire con i fondamenti quantistici emersi pochi anni prima.

Anche nelle università britanniche, le donne cominciavano a farsi strada. Un esempio è Harriet Brooks, fisica canadese. Nel primo decennio del Novecento, Brooks studiò la radioattività con Ernest Rutherford. Come Meitner, anche Brooks osservò da vicino i limiti della fisica classica, contribuendo alla nascente rivoluzione quantistica. Rutherford stesso, nel 1902, riconobbe pubblicamente la perspicacia di Harriet Brooks, paragonandola ai migliori scienziati maschi della sua epoca.

Questo scenario culturale e scientifico rifletteva contraddizioni profonde. Mentre la fisica classica si sgretolava sotto l'urto dei quanti, anche il ruolo delle donne nella scienza iniziava lentamente a cambiare. È significativo che, proprio quando Planck formulava la sua teoria, le donne europee stessero conquistando l'accesso alle università. A Berlino, a Vienna, a Cambridge si respirava un'aria di trasformazione.

Tuttavia, le scienziate dell'epoca affrontarono enormi difficoltà. Poche donne potevano accedere ai ruoli accademici principali. Emmy Noether, per esempio, doveva lavorare spesso senza stipendio, nonostante avesse rivoluzionato il pensiero matematico con il suo celebre teorema. Anche se Noether non lavorò direttamente sui quanti, il suo rigore matematico influenzò gli sviluppi delle teorie fisiche successive.

Il periodo che va dalla fine dell'Ottocento ai primi decenni del Novecento è dunque cruciale. La scoperta dei "quanti di energia" da parte di Max Planck segnò l'inizio di una nuova era scientifica. Ma questa rivoluzione non fu soltanto il frutto di un singolo genio isolato. Fu un'epoca di collaborazioni, dibattiti frenetici e, purtroppo, a volte di esclusioni. Le donne che parteciparono, spesso nell'ombra, contribuirono a costruire le fondamenta della fisica moderna.

Oggi, guardando alla nascita della teoria quantistica, possiamo apprezzare non solo le grandi menti che hanno cambiato la storia, ma anche le voci meno note che hanno reso possibile questa trasformazione. Nell'oscurità di laboratori e aule universitarie, nascevano nuove idee. E, tra quelle idee, c'era la promessa di una scienza più inclusiva.

La voce femminile nella rivoluzione quantistica a Copenaghen.

La scena è Copenaghen, fine anni '20. Il mondo della fisica teorica sta vivendo un fermento straordinario. Niels Bohr, nella sua casa e nell'"*Istituto di Fisica Teorica*", accoglie menti brillanti, determinate a risolvere i misteri dell'atomo. La storia ufficiale parla di uomini: Bohr, Heisenberg, Schrödinger, Dirac. Ma nei corridoi di quello spazio vibrante di idee ci sono anche donne. Erano donne silenziose, spesso ignorate dalla narrazione tradizionale, eppure fondamentali.

Margrethe Bohr, la bussola intellettuale.

Margrethe Norlund Bohr, moglie di Niels, è spesso descritta come una presenza dietro le quinte. Margrethe non era una scienziata, ma sarebbe un errore sottovalutare il suo impatto. Era lei a trascrivere i pensieri caotici di Bohr, trasformandoli in testi coerenti. Margrethe non si limitava al ruolo di segretaria; il suo spirito critico aiutava Bohr a chiarire le idee e a comunicare meglio concetti complessi. Secondo alcune testimonianze, durante le discussioni serali, Margrethe poneva domande dirette, obbligando Bohr e i suoi colleghi a spiegarsi con parabole più semplici. Era, in un certo senso, un traduttore tra mondi: tra la scienza astratta e il linguaggio umano.

Tatiana Ehrenfest-Afanassjewa, una mente analitica.

Più nota come la moglie del famoso fisico Paul Ehrenfest, Tatiana Ehrenfest-Afanassjewa era lei stessa una scienziata. Nata in Russia, Tatiana si specializzò in matematica e fisica teorica. Nonostante le barriere culturali e di genere, Tatiana lavorò sull'entropia e sui fondamenti della termodinamica statistica. La sua chiarezza concettuale impressionava molti colleghi. Durante i dibattiti sul comportamento delle particelle subatomiche, Tatiana offriva schemi matematici che semplificavano problemi apparentemente inesplicabili. Non è un caso che Ehrenfest dichiarò una volta che:

"Spesso la logica più lucida nella stanza arriva da Tatiana".

Lo sfondo culturale: il ruolo del "salotto Bohr".

Il "salotto Bohr" è spesso utilizzato come espressione per descrivere l'ambiente informale e intellettualmente stimolante che si era creato attorno a Niels Bohr e al suo *"Istituto di Fisica Teorica"* a Copenaghen nel corso del XX secolo. Questo ambiente era caratterizzato da un libero scambio di idee tra i fisici più brillanti dell'epoca e dalla volontà di discutere apertamente questioni scientifiche complesse legate alla fisica quantistica. Persone come Werner Heisenberg, Wolfgang Pauli, Max Born e molti altri gravitavano attorno a questo contesto unico, che fu cruciale per lo sviluppo della teoria quantistica.

In Italia si ricorderebbe l'analogia con *"I ragazzi di Panisperna"* organizzati da Enrico fermi

Il legame con i salotti dell'epoca illuminista potrebbe essere interpretato nella funzione di entrambi come luoghi di discussione intellettuale libera, dove si superavano le barriere formali per favorire la circolazione delle idee e l'innovazione culturale e scientifica. Nell'Illuminismo, i "salotti" — prevalentemente guidati da donne dell'alta società, ma anche da uomini — erano ambienti sociali in cui filosofi, scienziati e artisti si incontravano per discutere di temi cruciali come politica, scienza e filosofia, contribuendo a sfidare le convenzioni del tempo e a diffondere nuove idee.

Analogamente, il "salotto Bohr" non si limitava a essere un luogo di ricerca formale. L'approccio di Bohr era particolarmente noto per integrare la critica costruttiva e il dialogo, creando un'atmosfera dove il pensiero controcorrente non solo era accettato, ma incoraggiato. Ciò riflette la natura illuminista di promuovere il dibattito libero senza dogmi.

Tuttavia, è importante notare alcune differenze: i salotti dell'Illuminismo erano anche spazi in cui le donne avevano un ruolo centrale come mediatrici e custodi del dibattito intellettuale. Nel caso del "salotto Bohr", invece, il ruolo delle donne nella scienza era ancora fortemente marginalizzato, riflettendo i limiti della società del tempo. Sebbene alcune donne abbiano dato contributi significativi alla fisica quantistica (ad esempio, Emmy Noether con le sue fondamentali scoperte matematiche), esse erano raramente incluse in questi circoli dominati da uomini. Questo rimarca una differenza significativa tra i due contesti.

In sintesi, mentre entrambi i tipi di "salotti" hanno rappresentato spazi di innovazione intellettuale, per molti aspetti il "salotto Bohr" riflette ancora le gerarchie e i pregiudizi propri del XX secolo, mentre i salotti illuministi avevano in molti casi un'apertura maggiore verso la partecipazione femminile (almeno nell'ambito della moderazione e promozione del dibattito).

L'atmosfera dei meeting di Copenaghen era informale, talvolta caotica. Le discussioni avvenivano nei salotti della casa di Bohr, attorno a tavoli carichi di piatti scandinavi. Margrethe gestiva la logistica, permettendo ai fisici di concentrarsi sulle idee. Ma non era solo questo. Le donne presenti non erano decorazioni culturali: davano forma a una diversa interpretazione del mondo. Vien da chiedersi come le conversazioni sarebbero cambiate se queste donne fossero state trattate da pari negli atti ufficiali e nei verbali scientifici.

Le voci femminili nella rivoluzione quantistica a Copenaghen ci ricordano che la scienza non si fa mai da soli. Senza Margrethe, Tatiana, Lise e Grete, molti dei pilastri su cui si regge la fisica moderna avrebbero forse vacillato. Il loro impatto intellettuale, seppur indirettamente registrato, è una lezione di umiltà. Riconoscere il loro contributo non significa compensare un'ingiustizia storica, ma restituire alla scienza la sua dimensione umana e collettiva.

Nella rivoluzione quantistica non ci sono davvero soli "grandi uomini". C'è una costellazione di menti, spesso invisibili, ma non meno brillanti.

La fisica incontra la chimica.

L'intersezione tra fisica quantistica e chimica ha aperto nuove strade per comprendere il mondo materiale. Le donne hanno dato contributi eccezionali in questo campo. Tra loro spicca Dorothy Crowfoot Hodgkin.

Dorothy Crowfoot Hodgkin, nata nel 1910 in Egitto da genitori britannici, è nota per il suo lavoro pionieristico nella cristallografia a raggi X. Questa tecnica utilizza la fisica quantistica per analizzare la struttura degli atomi e delle molecole. Dorothy ha applicato queste competenze alla chimica, rendendo visibili molecole complesse che prima erano solo ipotetiche. Tra i suoi successi più celebri spicca la determinazione della struttura dell'insulina negli anni Cinquanta. Questo risultato ha cambiato la medicina.

Dorothy ha studiato presso l'Università di Oxford, ma ha lavorato anche al Cavendish Laboratory di Cambridge. Qui ha collaborato con il gruppo che contribuiva all'elaborazione delle teorie quantistiche applicate. Hodgkin ha ottenuto il Premio Nobel per la Chimica nel 1964. È stata solo la terza donna a ricevere questo riconoscimento.

Dorothy parlava spesso dell'importanza della difficoltà nel lavoro scientifico.

"Siamo talvolta frustrati quando le cose non funzionano, ma questa è la vera bellezza della scienza: la sfida delle frontiere sconosciute."

Alla base del suo successo c'era una costante collaborazione tra fisici e chimici. La cristallografia, infatti, è nata dall'integrazione di queste due discipline.

Oltre a Hodgkin, altre donne hanno esplorato il legame tra chimica e fisica quantistica. Linus Pauling, premio Nobel anch'egli, ha riconosciuto i contributi di scienziate come Rosalind Franklin, la cui ricerca sulla struttura del DNA si basava su principi derivati dalla fisica quantistica. Sebbene Rosalind sia nota principalmente per la biologia molecolare, le sue competenze derivavano dalla chimica.

In un'epoca in cui le donne venivano spesso escluse dai laboratori, Dorothy e le sue contemporanee hanno superato ostacoli immensi. Spesso lavoravano in condizioni difficili, con accesso limitato ai finanziamenti e ai riconoscimenti. Nonostante ciò, i loro risultati hanno influenzato profondamente il panorama scientifico.

L'unione tra fisica quantistica e chimica ha avuto un forte impatto anche sulla cultura. Negli anni Trenta e Quaranta, la questione della materia e della struttura atomica alimentava discussioni filosofiche e scientifiche. Era un periodo di fervore intellettuale. I caffè di Cambridge e di Oxford si riempivano di conversazioni tra scienziati, spesso accompagnate da aneddoti brillanti. Dorothy stessa parlava delle sue prime intuizioni davanti a una tazza di tè, mentre ascoltava dibattiti tra fisici come John Lennard-Jones, esperto di molecole, e Max Perutz.

Le donne, anche se in minoranza, erano presenti in questi spazi intellettuali. Il loro contributo dimostra l'importanza della diversità nella scienza. Dorothy Hodgkin e le altre hanno portato uno sguardo nuovo, ma anche il coraggio di affrontare problemi complessi. Il lavoro di Dorothy ha dimostrato che dove la fisica incontra la chimica, nascono scoperte rivoluzionarie.

Dal laboratorio al multiverso.

La meccanica quantistica non è solo una rivoluzione scientifica, ma anche un ponte verso la comprensione del cosmo. Dietro il tumulto di idee che ha aperto le porte all'era moderna della fisica, troviamo il contributo straordinario di molte scienziate, spesso rimaste invisibili nei libri di storia. Eppure, alcune donne hanno indirizzato i principi quantistici verso la cosmologia, espandendo lo sguardo dalla dimensione atomica agli orizzonti del multiverso.

Negli anni '30, la filosofa e matematica Grete Hermann si confrontò con una delle domande centrali della meccanica quantistica: che cos'è la realtà? Hermann non lavorava direttamente sulle implicazioni cosmologiche, ma le sue riflessioni posero le basi per interrogarsi non solo sugli atomi, ma sull'universo come totalità. Il suo tentativo di conciliare il principio d'indeterminazione di Heisenberg con una visione razionale del mondo ha influenzato generazioni di studiosi. Senza le sue analisi sull'interazione tra osservatore e sistema quantistico, sarebbe difficile oggi parlare di multiverso con coerenza. Hermann portava queste idee con sé in un'epoca di enormi difficoltà politiche: la sua opposizione al regime nazista l'ha costretta all'esilio, ma il suo pensiero non si è fermato.

Per comprendere il multiverso, bisogna anche partire dalle stelle. Nel 1925, l'astrofisica britannica Cecilia Payne-Gaposchkin fece una scoperta rivoluzionaria: dimostrò che l'idrogeno è l'elemento più abbondante nell'universo. È una nozione che oggi diamo per scontata, ma al tempo cambiò completamente il modo in cui vedevamo la materia cosmica. Benché non fosse una teorica quantistica pura, Payne-Gaposchkin utilizzò gli sviluppi della fisica quantistica per interpretare le righe spettrali delle stelle. La sua capacità di applicare i principi della meccanica atomica all'osservazione celeste dimostrò come il micro e il macro fossero intimamente legati.

Nel dopoguerra, un'altra scienziata diede un contributo chiave al collegamento tra fisica nucleare quantistica e comprensione dell'universo. Margaret Burbidge, astrofisica britannica, fu coautrice nel 1957 del celebre lavoro scientifico noto come "B^{2}FH" (dalle iniziali dei quattro autori). Questo studio dimostrò come gli elementi chimici dell'universo si formino all'interno delle stelle attraverso processi di nucleosintesi. Per spiegare il fenomeno, bisogna comprendere il comportamento quantistico delle particelle subatomiche ad altissime temperature e pressioni. Il lavoro di Burbidge è considerato una pietra miliare dell'astrofisica e rappresenta un esempio brillante di come la meccanica quantistica si inserisca nella narrazione cosmica.

Burbidge affrontò anche la discriminazione di genere nella ricerca scientifica. Quando le fu negata una posizione accademica importante per motivi legati al suo essere donna, non si arrese. Continuò il suo lavoro negli Stati Uniti e più tardi divenne una figura chiave nell'esplorazione dell'universo, promuovendo il ruolo delle donne nella scienza.

Negli ultimi decenni, la fisica teorica ha visto emergere un nome di primo piano: quello della statunitense Lisa Randall. Randall non lavora esclusivamente sulla meccanica quantistica, ma il suo lavoro si inserisce perfettamente nelle sue implicazioni cosmologiche. Ha proposto modelli in cui l'universo potrebbe avere dimensioni nascoste, inaccessibili ai nostri sensi ma fondamentali per spiegare il comportamento della gravità su scala cosmica.

Nel suo libro *"Universi invisibili"* (2005), Randall cerca di rendere comprensibili queste idee al grande pubblico. Racconta come le fluttuazioni quantistiche potrebbero aver dato origine alla struttura stessa dell'universo. I suoi studi si collocano a cavallo tra la fisica delle particelle e la cosmologia, mostrando come i principi quantistici influenzino la teoria del tutto e, potenzialmente, i multiversi. Lisa è anche una scrittrice brillante, capace di usare un linguaggio semplice e immagini vivide per tradurre concetti estremamente complessi in idee accessibili.

Infine, non possiamo ignorare le ricerche sull'universo condotte negli anni più recenti. La francese Agnés Acker, astrofisica e divulgatrice, ha lavorato sulla comprensione delle galassie morenti e sull'evoluzione dell'universo. Sebbene si sia concentrata su aspetti osservativi, Acker ha sempre sottolineato quanto la meccanica quantistica sia centrale per comprendere il cosmo. Nelle sue lezioni e nei suoi scritti, ha spiegato come fenomeni quantistici come l'entanglement potrebbero influire sulla dinamica dell'universo su larga scala.

Acker ha anche insistito sull'importanza delle nuove generazioni di scienziate. Ha infatti supportato attivamente iniziative a favore dell'ingresso delle donne nella fisica teorica e nell'astrofisica.

Cultura, scienza e femminismo cosmico.

Il legame tra le donne e la cosmologia quantistica è anche un riflesso culturale. L'idea di un multiverso è stata esplorata non solo dalla scienza, ma anche dalla letteratura e dall'arte. Film come *"Everything Everywhere All at Once"* (2022), che esplora l'idea di realtà parallele intrecciate con nodi esistenziali, evocano, anche in modo indiretto, il lavoro di tante scienziate che hanno dato forma a questa visione del cosmo.

Donne come Randall o Hermann non si limitano a risolvere equazioni, ma ridefiniscono il senso stesso del nostro posto nell'universo. In un campo dominato storicamente dall'uomo, esse hanno portato nuove sensibilità, mostrando che l'universo non ha confini fissi, ma si espande, proprio come le possibilità del pensiero umano.

Così, dal laboratorio alla vastità del multiverso, le scienziate contribuiscono a scrivere nuove pagine di cosmologia. E ci ricordano che, nell'infinitamente piccolo come nell'infinitamente grande, il ruolo delle donne non è mai stato accessorio, ma essenziale.

Donne e dualismo onda-particella: Un progresso inatteso.

La dualità onda-particella ha sfidato ogni certezza nella fisica del XX secolo. Questo concetto fondamentale della teoria quantistica, che descrive una natura ambivalente per particelle come fotoni ed elettroni, ha aperto la strada a interpretazioni rivoluzionarie della realtà. Sebbene i nomi di uomini come Albert Einstein, Louis de Broglie e Niels Bohr siano inseparabili dalla storia di questa rivoluzione, c'è una zona meno esplorata. Le scienziate hanno avuto un ruolo, spesso ignorato, nei primi passi verso la comprensione della dualità.

La scienziata dimenticata: Harriet Brooks.

Un nome quasi sconosciuto al grande pubblico è quello di Harriet Brooks. Harriet era canadese e laureata in fisica nel 1898 al McGill University College. Collaborava con Ernest Rutherford, futuro premio Nobel, durante i primi studi sulla natura dei raggi radioattivi. Sebbene il suo lavoro fosse più orientato alla radioattività, Brooks sollevò interrogativi sull'interazione tra particelle e onde elettromagnetiche. Il suo spirito analitico sembra risuonare con idee che in seguito avrebbero trovato spazio nel dualismo.

Brooks lasciò la scienza a causa di pressioni sociali. L'università non le permise di continuare la sua carriera poiché si impegnata sentimentalmente, riflettendo l'ostacolo culturale delle donne nella scienza all'epoca. Durante la sua breve carriera, Harriet gettò semi di riflessione sulla natura complessa della materia.

Cécile DeWitt-Morette: un ponte verso il futuro.

Un altro personaggio collegato, seppur più tardi, al dualismo fu Cécile DeWitt-Morette. DeWitt-Morette, fisica teorica e matematica francese, non visse direttamente l'epoca pionieristica della dualità onda-particella, ma diede contributi determinanti alla divulgazione e comprensione della meccanica quantistica. Nel secondo dopoguerra, fondò i famosi corsi estivi *"Les Houches"* nelle Alpi francesi. I corsi permisero a una generazione di nuove menti di confrontarsi con le idee di Bohr, Schrödinger e altri.

Nonostante il suo nome sia associato ad ambiti matematici, Cécile favorì anche la diffusione e l'accoglienza di approcci diversi sulla natura della materia. La sua influenza indiretta può essere considerata parte del progresso culturale e scientifico verso una maggiore comprensione di fenomeni complessi come la dualità.

La voce nascosta nella forma d'onda.

Tra le prime teorie sul dualismo, una voce femminile si inserisce nella Germania degli anni '30: Lise Meitner. Sebbene Meitner sia famosa soprattutto per il suo lavoro sulla fissione nucleare, lei studiava attentamente il ruolo delle particelle in sistemi complessi. I suoi lavori sugli atomi trasmettevano una sensibilità alle interconnessioni tra onde e particelle che si ricollegano alle speculazioni più ampie sul dualismo.

"Niente è mai separato da ciò che lo circonda."

Così scriveva Meitner nel suo diario durante una conferenza a Berlino nel 1932. Questa riflessione anticipava una visione quantistica in cui onde e particelle non si limitano a convivere ma coesistono in un'unica realtà dinamica.

Il progresso inatteso del dualismo onda-particella ha richiesto contributi di molteplici menti. Le scienziate, spesso rimaste nelle retrovie, hanno affrontato non solo ostacoli scientifici, ma anche culturali. Circostanze difficili come la pressione del matrimonio, il sessismo accademico e la mancanza di riconoscimento istituzionale ridussero l'impatto pubblico delle loro scoperte. Tuttavia, la curiosità e la visione di molte donne, come Brooks, Meitner e, indirettamente, DeWitt-Morette, prepararono il terreno.

Oggi, il dualismo non è solo un elemento fondamentale della fisica quantistica. È anche un simbolo di come idee inattese, spesso sottovalutate, possano rivelarsi essenziali nel corso della storia.

La percezione del tempo nella meccanica quantistica. Interpretazioni femminili.

Quando ci si addentra nella rivoluzione scientifica della meccanica quantistica, il tempo rivela un volto inatteso. Non più una corda unica e regolare che tiene uniti gli eventi, ma un concetto fluido, ambiguo, segnato da incertezze. Nel gettare nuova luce sulla meccanica del mondo microscopico, alcune delle più brillanti menti femminili della fisica hanno offerto interpretazioni profonde sulla percezione del tempo. Tra teorie, intuizioni ed esperienze personali, queste donne hanno contribuito a scolpire l'idea stessa di come l'universo "viva" il tempo.

Edith Stoney e la precisione della misura.

Edith Stoney (1869–1938), una pioniera della fisica applicata, non si dedicò direttamente alla meccanica quantistica. Tuttavia, le sue opere sulla calcolabilità del tempo nelle osservazioni astronomiche aprirono la strada a una visione più accurata dei fenomeni naturali. Il contributo metodologico che portò nei primi anni del XX secolo, come la precisione nello studio dei sistemi dinamici, servì da fondamento per chi, in seguito, cercò di sondare la natura quantistica del tempo. Edith così osservava:

> *"Ogni nostra misura del tempo non è altro che la registrazione di eventi, ma gli eventi non sono davvero indipendenti dai nostri occhi".*

Questo spirito di dubbio scientifico sarebbe diventato centrale nell'era quantistica.

Lise Meitner si confrontò spesso con il mistero del tempo. I suoi scritti postumi rivelano un interesse verso la relatività e il tempo quantistico. Per Meitner, il passato e il futuro erano "*categorie prive di senso*" se osservati su scala subatomica. Uno degli aneddoti chiave che la riguarda ricorda un incontro con Niels Bohr nel 1934. Bohr descriveva una particella come "*incerta nel tempo e nello spazio*"; Meitner, divertita, replicava:

"*Siamo tutti incerti, noi più delle particelle*".

Più tardi, nelle sue lettere indirizzate ad alcuni colleghi, parlava del tempo come parte di una trasformazione, simile all'evoluzione dell'energia durante una reazione nucleare.

Non si può analizzare il tempo nella fisica moderna senza citare Emmy Noether Una delle intuizioni di Emmy suggerisce che il tempo, inteso classicamente, sia la conseguenza di una simmetria intrinseca del nostro universo. Tuttavia, in una lettera privata del 1924 alla sorella, Noether riflette su un punto curioso:

"*E se il microcosmo spezzasse questa simmetria? Ciò che ci appare come regolare potrebbe non esserlo alla scala più piccola*".

Questo ragionamento anticipa l'incertezza temporale di una particella, resa celebre dal principio di indeterminazione di Heisenberg.

Ci sono scienziate che non si sono limitate a equazioni o esperimenti, ma hanno anche cercato di reinterpretare il quadro generale. Una di queste è Grete Hermann, la quale combinava la fisica con la filosofia. Grete, allieva di Heisenberg, fu una delle prime voci a criticare la rigida interpretazione del dualismo onda-particella. Per lei, il tempo non era una coordinata oggettiva, bensì un concetto che definiva così:

"L'essere umano applica il tempo al mondo per dare senso alla sua esperienza."

Grete, sempre vicina alle teorie matematiche e alla metafisica kantiana, si interrogava sugli esperimenti di interferenza quantistica. Sosteneva che in queste situazioni il tempo poteva essere considerato compresso e instabile, come un'ombra delle decisioni osservazionali.

Luoghi, incontri e contesti culturali.

Le riflessioni di queste studiose, immerse nella scienza quantistica o ispirate dalle sue implicazioni, possono essere viste come un viaggio culturale globale. Edith Stoney lavorò presso i maggiori osservatori europei, confrontandosi con uomini e donne impegnati nell'unione tra matematica e astronomia. Emmy Noether studiò e insegnò a Gottinga, un vero centro nevralgico della fisica e della matematica all'inizio del XX secolo. Lise Meitner si trovò a Copenaghen, dove l'ambiente del celebre *"Istituto di Fisica Teorica"* diretto da Bohr stimolava conversazioni senza confini disciplinari. E Hermann, curiosamente, contribuì a un dibattito molto ampio alla scuola di Lipsia, dove cultura scientifica e filosofia dialogavano costantemente.

Le opere di queste scienziate, anche se a volte marginali o indirettamente legate alla teoria quantistica pura, hanno tutte in comune una spinta: quella di superare i confini della percezione umana. Come osservava Hermann:

"Più cerchiamo di dividere il tempo, più scopriamo che esso ci sfugge. Forse perché siamo noi stessi a dargli significato, con i nostri pensieri e le nostre azioni".

La percezione del tempo, così misteriosa nella meccanica quantistica, ha trovato nella voce femminile un'eco potente e mai scontata. Tra intuizioni matematiche, riflessioni filosofiche e rivoluzioni teoriche, queste donne hanno aperto nuove finestre sul nostro universo, senza mai perdere di vista chi siamo noi, gli esseri che quel tempo cercano di comprenderlo.

Figure femminili che hanno costruito le basi della fisica quantistica.

La rivoluzione quantistica nacque dai limiti della fisica classica, ma anche dalla curiosità instancabile di menti coraggiose. Tra queste brillò Marie Curie, una scienziata di straordinaria determinazione e con un impatto duraturo nella nascita delle teorie del mondo microscopico.

Marie Curie entrerà nella storia prima di tutto come pioniera della radioattività, un termine che lei stessa coniò. Nata Maria Skłodowska a Varsavia nel 1867, Marie emigrò a Parigi per seguire il sogno della ricerca scientifica. Frequentò la Sorbona in anni in cui le donne erano una rarità nei laboratori e nei centri accademici. A Parigi incontrò Pierre Curie, scienziato e suo futuro marito, creando con lui uno dei sodalizi più influenti della storia della scienza.

Il 1898 fu un anno cruciale. Marie e Pierre scoprirono due nuovi elementi: il polonio (chiamato in onore della Polonia, terra natale di Marie) e il radio. La radioattività, fenomeno al centro della loro ricerca, rappresentava una chiave per capire la struttura profonda della materia. Gli studi della coppia non solo inaugurarono una nuova area della fisica e della chimica, ma fornirono strumenti fondamentali che, pochi anni dopo, avrebbero influenzato lo sviluppo della teoria quantistica.

Marie Curie ricevette il Nobel per la Fisica nel 1903, condiviso con Pierre e Antoine Henri Becquerel. Fu un premio storico: Marie divenne la prima donna a ottenere un Nobel, rompendo il soffitto di cristallo della scienza accademica. Tuttavia, venne trattata in modo inequivocabilmente diverso rispetto ai suoi colleghi maschi. Non fu invitata alla cerimonia ufficiale a Stoccolma, simbolo della discriminazione dell'epoca. Eppure, Marie non si fermò. Continuò a studiare il fenomeno della radioattività, segnando una delle prime tappe verso la comprensione della disintegrazione atomica, un concetto che avrebbe giocato un ruolo decisivo nella nascita della fisica quantistica.

Un aneddoto racconta il rigore e il sacrificio personale di Marie. Nei laboratori allestiti a condizioni spartane, la donna trascorreva ore in piedi, mescolando tonnellate di minerali per estrarre quantità minime di elementi radioattivi. Il contatto continuo con le sostanze, i cui effetti nocivi sull'organismo erano allora poco noti, causò a Marie problemi di salute che pagarono il prezzo della sua passione.. Eppure, Marie non si lamentò mai, guidata da una passione profonda.

Il lavoro di Marie Curie non può essere direttamente inserito nella formulazione matematica della teoria quantistica, ma lo anticipò sul piano concettuale. Il suo modo di indagare sull'infinitamente piccolo, sull'energia che emergeva dalla disintegrazione atomica, ispirò altre scienziate e scienziati. Max Planck stesso, che nel 1900 inaugurò il modello dei "quanti di energia", citò più volte le ricerche sull'atomo, campo che dal lavoro di Curie ottenne le sue fondamenta sperimentali.

Lasciti culturali come quello di Marie Curie sono immensi. Curie non solo fu una scienziata rivoluzionaria ma divenne un simbolo per le donne della sua epoca, esempio di come l'intelligenza femminile potesse contribuire a risolvere enigmi monumentali della natura. Marie stessa dichiarò:

"La mia profonda convinzione è che la scienza sia qualcosa di bello. Un'opera deve portare una gioia profonda e diventare utile per l'umanità."

Oltre al suo laboratorio parigino, Marie lasciò un'altra eredità preziosa: le sue figlie. Irène Joliot-Curie, la primogenita, vincerà a sua volta il Nobel per la Chimica nel 1935 grazie agli studi sulla radioattività artificiale.

La secondogenita, Ève Curie, fu una scrittrice e musicista, non intraprese la carriera scientifica come la madre e la sorella, ma scrisse una biografia di sua madre, intitolata Madame Curie (pubblicata nel 1937). Questo libro divenne molto popolare, offrendo un ritratto intimo e umano della vita di Marie Curie, oltre che del suo straordinario contributo alla scienza. La biografia fu ben accolta dal pubblico e successivamente ispirò anche un film biografico su Marie Curie, prodotto negli anni '40.

La collaborazione tra generazioni di donne scienziate rivelava dunque come Marie avesse tracciato molto più di una via accademica. Creò un modello e una verità: la scienza non ha genere.

Marie Curie aprì molte strade, ma fu solo l'inizio. Altre figure femminili contribuiranno agli avanzamenti decisivi della fisica quantistica. Ma fu Marie a lanciare il primo sguardo verso quello che Niels Bohr avrebbe chiamato il "mondo degli atomi", quell'universo apparentemente invisibile che sarebbe stato al centro della rivoluzione scientifica del XX secolo.

Marie Curie e le basi della fisica moderna: Oltre il radio"

Nel cuore di Parigi, tra il finire del XIX secolo e l'inizio del XX, un laboratorio modesto divenne il fulcro di una rivoluzione scientifica. In questo luogo, Marie Curie – scienziata straordinaria, due volte premio Nobel – diede il via a un percorso che avrebbe cambiato la fisica per sempre. Il suo lavoro, inizialmente focalizzato sull'indagine della radioattività, non solo trasformò la chimica e la medicina ma pose le basi del futuro sviluppo della teoria quantistica.

Alla fine dell'Ottocento, il mondo scientifico era in fermento. Scoperte come i raggi X di Wilhelm Röntgen (1895) e la radioattività naturale individuata da Henri Becquerel (1896) avevano aperto nuove strade. Tuttavia, la natura profonda di questi fenomeni restava oscura. Fu proprio Marie Curie, insieme al marito Pierre, a compiere il passo successivo. Oltre a confermare e approfondire i lavori di Becquerel, i Curie scoprirono due elementi sconosciuti: il polonio e il radium, celebre per la sua intensa radioattività.

Il 1903 segnò un momento decisivo. Marie Curie, Pierre Curie e Henri Becquerel ricevettero il Premio Nobel per la Fisica, riconoscimento al loro contributo fondamentale nello studio dei fenomeni della radioattività. Questo traguardo rappresentò un unicum per la Curie, prima donna a ottenere questo prestigioso premio. Tuttavia, il suo lavoro non si fermò qui.

Marie Curie non era solo una teorica. La sua genialità risiedeva anche nella sua abilità sperimentale. Per isolare e analizzare il radio, una sola fase del suo lavoro richiedeva il trattamento di tonnellate di pechblenda, un minerale estratto dalle miniere della Boemia. Questo approccio pratico, combinato con una curiosità instancabile, fece della Curie una pioniera della metodologia scientifica moderna.

Il concetto chiave che emerse dalle sue ricerche fu l'idea che gli atomi non fossero indivisibili, come si era creduto fino ad allora. Gli atomi del radium si disintegravano spontaneamente, emettendo particelle ed energia. Questo fenomeno costrinse i fisici a ripensare la natura stessa della materia. Non era più possibile considerare gli atomi come entità stabili e immutabili; piuttosto, essi apparivano complessi e dinamici. Queste intuizioni furono decisive per lo sviluppo della meccanica quantistica, che pochi decenni dopo avrebbe ridefinito la fisica.

Anche se Curie non si occupò direttamente della teoria quantistica, il suo lavoro sul decadimento radioattivo diede un contributo fondamentale a questa disciplina in evoluzione. Un punto di collegamento importante è rappresentato da Ernest Rutherford, che nel 1908 utilizzò le scoperte di Curie per elaborare il modello atomico che avrebbe ispirato Niels Bohr. Quest'ultimo, negli anni Dieci, introdusse la nozione di quantizzazione dell'energia negli orbitali atomici, aprendo la strada al consolidamento della fisica quantistica.

Senza il lavoro pionieristico di Marie Curie, probabilmente Rutherford non avrebbe avuto i dati per sviluppare il suo modello. Allo stesso modo, idee chiave come il principio di quantizzazione e l'energia dei fotoni avrebbero tardato a emergere.

Purtroppo, Marie Curie si muoveva in un mondo dominato dagli uomini. Le istituzioni scientifiche francesi, come il *"Collège de France"* e l'*"Accademia delle*

Scienze", erano allora chiuse alle donne. Pierre Curie, suo principale collaboratore e compagno di vita, dovette più volte intervenire per garantirle lo spazio e il riconoscimento che meritava. Tuttavia, la scienziata non si lasciò mai scoraggiare. Marie scriveva:

"Non c'è nulla nella vita da temere, basta comprendere".

Questo insegnamento, che riflette la sua visione della scienza come mezzo per affrontare anche le sfide più difficili, è ancora oggi un messaggio universale.

Marie Curie non si fermò con il radium e il polonio. La sua ricerca dimostrò che l'osservazione sperimentale poteva mettere in discussione i dogmi scientifici. Questo approccio ispirò un'intera generazione di fisici, uomini e donne. Tra questi, Lise Meitner, che in seguito contribuì alla comprensione della fissione nucleare, e Rosalind Franklin, pioniera della biologia molecolare, che utilizzò tecniche avanzate di analisi fisica per svelare i segreti del DNA.

Irène Curie: Figlia della radioattività e pioniera del neutrone.

Irène Curie nacque tra i vapori della radioattività. Figlia di Marie e Pierre Curie, ereditò non solo il cognome ma anche l'intelligenza brillante e la passione incrollabile per la scienza. Si formò in un ambiente unico al mondo: un laboratorio dove gli atomi perdevano il loro aspetto "indivisibile" e si trasformavano, sotto gli occhi dei Curie, in finestre sui misteri più profondi della materia. Irène avrebbe portato avanti questa eredità con una determinazione tale da trasformarsi in una delle pioniere della fisica moderna.

Marie Curie aveva già scardinato l'idea classica dell'atomo indivisibile. Con le sue scoperte sulla radioattività naturale, aveva dimostrato che gli atomi potevano decadere, liberando particelle ed energia. Il disgregarsi dell'atomo si trasformava, per lei, in una nuova finestra sull'universo. Irène crebbe osservando da vicino quel lavoro. La madre, lavorando instancabilmente, aveva contribuito a cambiare le fondamenta della fisica: i dati ottenuti al prezzo di sacrifici personali e persino della propria salute avrebbero aperto la strada alla meccanica quantistica e alla scoperta di nuove particelle subatomiche.

Irène, pur trovandosi all'ombra di un genio così soverchiante, dimostrò fin da giovane di avere idee e metodi propri. Durante la Prima guerra mondiale lavorò al fianco della madre per sviluppare unità mobili di radiografia – un contributo cruciale per i soldati feriti sul campo. Si formò come scienziata in un mondo in trasformazione, portando nel laboratorio del marito Frédéric Joliot non solo la precisione che caratterizzava i Curie, ma anche uno spirito innovativo.

L'artificialità della radioattività.

Nel 1934, Irène e Frédéric Joliot-Curie fecero una scoperta straordinaria: riuscirono a creare la radioattività artificiale. Bombardarono con particelle *alfa* un atomo di alluminio, osservando la produzione di un nuovo isotopo radioattivo. Questo risultato non si limitò a confermare la divisibilità dell'atomo e la possibilità di modificarlo, ma spalancò le porte a una nuova era. Con la radioattività artificiale si poteva manipolare la materia su scala subatomica, un principio che stava diventando sempre più cruciale nell'edificazione della nascente meccanica quantistica.

La scoperta valeva un Nobel, che fu conferito nel 1935. Ma per Irène questo è stato anche un capitolo di una storia più grande. La sua scoperta non esplorava soltanto le proprietà di un atomo ma toccava l'impalpabile natura del neutrone. Infatti, i suoi lavori furono fondamentali per lo studio di questa particella subatomica neutra: il neutrone, scoperto pochi anni prima da James Chadwick, diventava rapidamente un attore chiave nella fisica nucleare.

Marie e Irène Curie sono state entrambe figure rivoluzionarie, ma in modi differenti. Marie fu una pioniera, mettendo in discussione le concezioni del passato attraverso esperimenti innovativi e dati scientifici che sfidavano le certezze esistenti. Irène, invece, lavorò in un contesto in cui quella rivoluzione era già iniziata, costruendo sugli avanzamenti sviluppati dai suoi genitori e dai contemporanei.

Marie Curie aveva concentrato i suoi sforzi sull'identificazione della radioattività naturale attraverso lo studio del polonio e del radio. Queste scoperte ridefinirono l'idea di atomo e fornirono una base per la comprensione dell'energia nucleare. Lo stesso concetto di decadimento radioattivo forniva prove schiaccianti che l'atomo non era statico, ma dinamico e mutevole. Con la sua visione e il suo rigore sperimentale, Marie aveva aperto la strada alla fisica quantistica, una disciplina che sarebbe divenuta presto il linguaggio fondamentale per comprendere il mondo dei fenomeni atomici e subatomici.

Irène Curie, invece, ha contribuito a espandere le possibilità di questo mondo atomico, dimostrando che la radioattività non era solo una proprietà "naturale" ma poteva essere indotta. Se Marie aveva rivelato i segreti della natura, Irène andò oltre e dimostrò che l'uomo poteva intervenire attivamente in quei processi, manipolando gli atomi per produrre nuovi elementi e nuovi isotopi. È facile immaginare lo stupore davanti a una materia che poteva essere trasformata, aprendo così scenari inediti per la scienza e, come oggi sappiamo, anche per l'energia nucleare e la medicina.

Marie e Irène non combatterono soltanto contro le sfide scientifiche del loro tempo. Entrambe dovettero affrontare il pregiudizio legato al genere. Marie, migrata dalla Polonia a Parigi, riuscì a imporsi nell'élite scientifica francese quando alla parola "scienziato" si associava quasi automaticamente il genere maschile. Irène, vivendo in un'epoca più aperta ma ancora carica di barriere sociali, seguì la strada tracciata dalla madre, combattendo per il riconoscimento del lavoro scientifico delle donne. Il fatto stesso che madre e figlia abbiano vinto il Nobel rappresenta un simbolo di emancipazione: dimostra che il talento e l'ingegno possono prevalere sui pregiudizi.

Marie e Irène Curie hanno mostrato che il progresso scientifico non appartiene solo al singolo individuo. È una staffetta, fatta di conquiste che si costruiscono una sopra l'altra, di intuizioni che producono nuove domande prima ancora che risposte definitive. La rivoluzione quantistica è iniziata con piccoli passi, e le scoperte dei Curie sul decadimento atomico e sulla radioattività artificiale hanno rappresentato alcuni dei mattoni più importanti di questa costruzione.

Marie e Irène non erano solo due donne eccezionali. Marie e Irène erano due scienziate che hanno lasciato un'eredità indelebile alla fisica e alla comprensione della realtà. Raccontarle non significa solo celebrare il loro contributo scientifico, ma anche ricordare che la conoscenza procede da mani diverse e che la scienza non può permettersi di ignorarle..

Harriet Brooks, la pioniera dimenticata della radioattività.

A volte, la storia delle grandi rivoluzioni scientifiche dimentica i suoi interpreti più incisivi. È il caso di Harriet Brooks, una fisica canadese che, all'inizio del Novecento, ha giocato un ruolo fondamentale nello sviluppo della radioattività, un campo che presto avrebbe spalancato le porte alla fisica quantistica.

Harriet Brooks nacque nel 1876 a Exeter, una piccola città del Canada, e si formò in un'epoca in cui poche donne avevano accesso all'istruzione avanzata in scienze. Dopo aver conseguito la laurea in matematica e fisica presso il McGill University College di Montréal, Harriet dimostrò un talento eccezionale per la ricerca sperimentale. Il suo potenziale attirò l'attenzione di Ernest Rutherford, il "padre" della fisica nucleare, che la volle come collaboratrice nel suo laboratorio. Qui comincia la sua avventura scientifica, un percorso tanto straordinario quanto spesso ignorato.

Il lavoro di Harriet con Rutherford e la scoperta della trasmutazione.

Negli anni tra il 1901 e il 1904, Harriet lavorò insieme a Rutherford presso il laboratorio di fisica dell'Università McGill. Durante questi anni, la scienza stava svelando i misteri della radioattività, un fenomeno scoperto alla fine del XIX secolo dai coniugi Curie. Tuttavia, molte domande rimanevano senza risposta: cos'era esattamente la radioattività? Come si comportavano gli elementi radioattivi? E quali implicazioni aveva questo fenomeno per la struttura della materia?

Il contributo di Harriet fu cruciale per rispondere a questi interrogativi. Nel 1902, studiando il comportamento del radon, Harriet e Rutherford dimostrarono che gli elementi radioattivi non erano statici e immutabili, come si pensava allora, ma si trasformavano spontaneamente in altri elementi attraverso il processo di decadimento radioattivo. Questo risultato, oggi noto come *"trasmutazione degli elementi"*, rappresentava una vera rivoluzione. Per Gregory Breit, un fisico teorico attivo decenni dopo, quelle scoperte furono il primo segno che la struttura atomica nascondeva segreti profondi e sconvolgenti.

Harriet Brooks fu una delle prime scienziate a documentare con precisione il fenomeno del "ritorno" del radon rilevato dopo la separazione fisica dal torio. Le sue osservazioni sperimentali, estremamente accurate, fornirono prove essenziali per sostenere l'ipotesi che parti del materiale radioattivo si disgregassero spontaneamente in componenti più leggere. È in queste basi che sarebbe emersa, negli anni successivi, la teoria quantistica dell'atomo. Rutherford lodò pubblicamente il lavoro di Harriet, definendola:

> *"Una delle migliori fisiche sperimentali che abbia mai incontrato".*

Nonostante i riconoscimenti, tuttavia, la strada di Harriet Brooks non fu facile. Come molte scienziate della sua epoca, si trovò ostacolata da pregiudizi e limitazioni sociali. Nel 1904, Harriet dovette abbandonare il laboratorio di Rutherford, quando decise di sposarsi. All'epoca, per una donna sposata, continuare una carriera scientifica era spesso considerato inappropriato.

Harriet Brooks s'interessò anche di argomenti che oggi definiremmo pionieristici. Nei suoi studi su alcuni frammenti radioattivi, intuì che le particelle emesse dai materiali radioattivi erano il prodotto di fenomeni che avvenivano nel nucleo atomico. Questa fu una comprensione straordinaria, perché all'epoca la struttura dell'atomo era ancora un enigma. Le sue intuizioni furono precorritrici delle importanti teorie che sarebbero emerse qualche decennio dopo, grazie agli studi di fisici del calibro di Niels Bohr e Werner Heisenberg.

Harriet non visse abbastanza per vedere il pieno riconoscimento dell'importanza della radioattività nello studio della fisica nucleare e quantistica: morì nel 1933, a soli 57 anni. Eppure, il suo lavoro gettò le basi per sviluppi che cambiarono radicalmente il modo in cui comprendiamo il mondo materiale.

Nonostante il suo contributo essenziale, Harriet Brooks è oggi una figura poco nota della storia scientifica. Eppure, senza il suo lavoro sulla radioattività, molte delle scoperte successive – dalla formulazione delle leggi della meccanica quantistica alla comprensione della struttura nucleare – non sarebbero state possibili. Il caso di Harriet Brooks è emblematico di una più ampia sottovalutazione delle donne nella storia della scienza. In un'epoca in cui il contributo femminile era spesso invisibile, Harriet riuscì a ritagliarsi uno spazio con determinazione, lasciando un segno indelebile nella rivoluzione quantistica.

Riscoprire la figura di Harriet Brooks significa restituire una voce alle tante donne che, pur operando nell'ombra, hanno contribuito fortemente alla costruzione della conoscenza scientifica. Oggi, nel celebrare il progresso della fisica, è necessario ricordare anche chi ha lavorato in silenzio, gettando le fondamenta delle teorie che plasmano il nostro presente.

Ida Noddack: pioniera dimenticata della fissione nucleare.

La storia della scienza è spesso raccontata con uno squilibrio di prospettive. Grandi scoperte vengono attribuite ai nomi più noti, spesso maschili, mentre il contributo di molte donne viene relegato a note a margine. Ida Noddack, chimica tedesca, rappresenta un esempio eloquente di questo fenomeno. Il suo lavoro, a cavallo tra chimica e fisica nucleare, gettò le basi per una delle scoperte più rivoluzionarie del XX secolo: la fissione nucleare.

Ida Tacke (più nota con il cognome del marito, Noddack) nacque il 25 febbraio 1896 in Germania, in un'epoca in cui poche donne osavano sfidare le convenzioni diventando scienziate. Studiare chimica, come fece Ida, era già di per sé un atto di coraggio. Dopo la laurea presso l'Università Tecnica di Berlino nel 1919, Ida sposò il collega chimico Walter Noddack, con cui avrebbe condiviso il laboratorio e diversi successi scientifici. Insieme, nel 1925, i coniugi Noddack raggiunsero un traguardo straordinario: la scoperta del renio, un elemento chimico raro (numero atomico 75) che era stato fino ad allora solo ipotizzato. Il renio è un metallo di transizione bianco-argenteo, raro, pesante, polivalente; chimicamente somiglia al manganese e viene usato in alcune leghe.

Ma il contributo di Ida Noddack alla scienza non si fermò al riconoscimento di un nuovo elemento. Nel 1934, presentò un'ipotesi che all'epoca passò inosservata, ma che si sarebbe rivelata visionaria. In un articolo scientifico, commentando i risultati degli esperimenti di Enrico Fermi sulla ricerca di elementi transuranici, Ida propose un'idea a dir poco rivoluzionaria: il nucleo atomico, sotto particolari condizioni, poteva frammentarsi in parti più piccole. Tredici righe, appena una frase, bastarono a mettere in discussione le basi della fisica nucleare dell'epoca. Le tredici righe comparvero sul il suo articolo originale, pubblicato nella rivista scientifica tedesca "Angewandte Chemie" (1934). Ai tempi, la brevità della sua affermazione poteva sembrare quasi insignificante, ma il suo impatto sulla fisica nucleare fu in seguito rivoluzionario

Quella frase suonava allora come pura speculazione scientifica. Gli scienziati di punta del periodo, inclusi i fisici teorici più affermati, stavano esplorando il comportamento del nucleo atomico, ma erano convinti che il processo di bombardamento nucleare producesse esclusivamente isotopi o nuovi elementi più pesanti. Ida, con il suo approccio chimico, suggerì invece che i nuclei degli atomi bombardati potessero scomporre in frammenti più leggeri, contro ogni assunzione prevalente.

Tuttavia, il contributo di Ida fu oscurato da diversi fattori. Come donna, subì un pregiudizio culturale diffuso sia tra i colleghi chimici sia tra i fisici. Inoltre, l'evidenza sperimentale a supporto della sua idea non era ancora stata ottenuta. Nel 1938, furono gli scienziati tedeschi Lise Meitner, Otto Hahn e Fritz Strassmann a confermare empiricamente la fissione nucleare. Solo allora il mondo scientifico riconobbe apertamente il fenomeno, ma senza alcuna menzione al visionario contributo di Ida Noddack.

Ida continuò la sua carriera con dedizione, ma l'accoglienza tiepida alle sue idee la accompagnò per tutta la vita. Nonostante ciò, il suo lavoro riflette una caratteristica straordinaria: la capacità di osservare oltre i confini imposti dalle teorie dominanti, con un approccio interdisciplinare che univa le osservazioni chimiche alle spiegazioni fisiche.

Le intuizioni di Ida Noddack gettarono una luce diversa sulla ricerca scientifica. La sua figura rappresenta un promemoria imprescindibile sull'importanza del guardare oltre le convenzioni, ascoltare voci diverse e accettare le proposte di chi riesce a sfidare il pensiero dominante. Anche se le sue osservazioni rimasero in gran parte ignorate per decenni, la storia delle sue intuizioni ci invita a riflettere su quanto la ricerca scientifica debba alla tenacia di coloro che non si fermarono davanti ai pregiudizi.

Ida una volta scrisse che il lavoro scientifico richiede audacia. Con questa affermazione, non si può fare a meno di pensare che definisse se stessa: una donna che prese un'intuizione audace e, contro il vento della tradizione, la lanciò in un universo di possibilità ancora inesplorate.

Marguerite Perey e la scoperta del francio.

Chimica francese e allieva diretta di Marie Curie, Marguerite Perey contribuì in modo significativo alla comprensione degli elementi radioattivi, un campo fondamentale per la nascente teoria quantistica.

Marguerite Perey nacque nel 1909 a Villemomble, in Francia. Giovane e determinata, si formò come tecnico di laboratorio presso l'Istituto Curie di Parigi, l'autentica culla della ricerca sui fenomeni radioattivi. Fu qui che iniziò a lavorare sotto la guida di Marie Curie, la celebre scienziata che le trasmise non solo un'impressionante competenza tecnica ma anche l'audacia di perseguire nuove strade di ricerca.

Il suo momento di gloria arrivò nel 1939. Mentre analizzava il comportamento dell'attinio, elemento noto per la sua instabilità radioattiva, Marguerite Perey fece una scoperta straordinaria. Isolò un nuovo elemento chimico, il francio, l'ultimo della serie dei metalli alcalini. Questa scoperta suggellava l'antico sogno della tavola periodica: identificare uno degli elementi più rari e sfuggenti. Si calcola infatti che il francio, estremamente radioattivo, sia presente in natura in quantità trascurabili, *meno di 30 grammi in tutto il pianeta*.

Marguerite Perey scelse il nome "francio" in onore della sua patria. Il riconoscimento fu immediato: la sua scoperta arricchiva la comprensione del comportamento atomico e apriva nuovi orizzonti nella fisica teorica. Gli studi sul francio permisero di affinare il modello atomico, soprattutto grazie alle osservazioni del suo rapido decadimento radioattivo. Questo comportamento fornì input preziosi per le ricerche sui meccanismi di instabilità nucleare e per l'approfondimento della forza nucleare debole, un elemento chiave per la fisica quantistica.

Tuttavia, il percorso della Perey non fu privo di ostacoli. Essere una donna scienziata nella Francia degli anni '40 significava lottare per ottenere credibilità in un ambiente quasi esclusivamente maschile. Nonostante ciò, nel 1962, Marguerite Perey divenne la prima donna eletta *all'Académie des Sciences* francese, un'istituzione che non accoglieva donne dalla sua fondazione nel 1666. Questo riconoscimento suggellava la sua carriera e la sua importanza nel panorama scientifico internazionale.

La scoperta del francio fu tanto rilevante da superare i confini della chimica. Gli studi che seguirono gettarono le basi per nuovi approcci nello studio dei decadimenti radioattivi, fondamentali per applicazioni sia mediche che in fisica delle particelle. Il lavoro della Perey dimostra come la scienza nucleare e la teoria quantistica si siano evolute grazie a sforzi interdisciplinari, dove la chimica ha fornito i mattoni iniziali delle intuizioni della fisica.

Non meno importante è il legame intellettuale e umano tra Marguerite Perey e Marie Curie. La Perey non fu solo l'erede del metodo scientifico rigoroso di Curie, ma rappresentò un ponte tra due generazioni di donne scienziate. Le loro vite raccontano un cambiamento culturale: l'ingresso delle donne in campi scientifici di punta, sfidando convenzioni e disuguaglianze radicate.

Oggi, il nome di Marguerite Perey riecheggia tra gli scienziati di maggiore influenza del XX secolo. La sua scoperta del francio rappresenta un tassello della grande rivoluzione che portò alla costruzione della moderna teoria atomica e quantistica. Eppure, non va dimenticato il contesto umano di tale conquista: il coraggio di una donna che seppe brillare in un mondo che ancora non era pronto ad accettarla.

Rosalind Franklin e le strutture molecolari.

Rosalind Franklin è più spesso ricordata per il suo contributo rivoluzionario alla scoperta della struttura del DNA, ma il suo lavoro ha avuto un impatto anche sulla comprensione delle strutture molecolari, gettando le basi per sviluppi cruciali nella teoria quantistica. La sua dedizione allo studio della materia a livello atomico e la precisione delle sue osservazioni ne fanno un esempio potente di come le donne abbiano contribuito alla scienza anche in un'epoca di profondi squilibri di genere.

Nata nel 1920 a Londra, Franklin crebbe in una famiglia benestante ed ebbe un'educazione di alto livello, rara per una donna del suo tempo. Si laureò a Cambridge nel 1941, durante anni turbolenti segnati dalla Seconda Guerra Mondiale. Dopo la laurea, la sua carriera scientifica si orientò rapidamente verso la fisica chimica, un campo interdisciplinare che l'avrebbe preparata a fornire contributi significativi alla scienza moderna.

Franklin lavorò a Parigi dal 1947 al 1950, presso il *"Laboratorio Centrale dei Servizi Chimici"* dello Stato. Qui affinò le tecniche di diffrazione ai raggi X, un metodo che, in termini moderni, può essere considerato una finestra sugli aspetti quantistici della materia. Questa tecnica permette di analizzare le strutture fondamentali a livello atomico, applicando principi direttamente collegati alla meccanica quantistica. La diffrazione ai raggi X si basa infatti sull'interazione tra radiazioni e atomi, offrendo così prove tangibili dei comportamenti descritti dalla teoria quantistica.

Nel 1951, Franklin entrò al *King's College* di Londra. Qui, iniziò a lavorare su un progetto che avrebbe portato alla scoperta della doppia elica del DNA. Tuttavia, il lavoro di Rosalind non si limitava al DNA. Nel corso della sua carriera, esplorò altri sistemi molecolari complessi, come la struttura del carbone e del grafite. Le sue osservazioni sulle strutture di questi materiali furono essenziali non solo per applicazioni industriali, ma anche per comprendere meglio le proprietà elettroniche del carbonio, un tema strettamente legato agli sviluppi successivi della fisica quantistica.

Franklin lavorava in un ambiente accademico dominato dagli uomini. Doveva scontrarsi costantemente con pregiudizi di genere. Ad esempio, al King's College le donne non erano ammesse nel selone della mensa, riservato agli uomini. Questa esclusione simboleggiava chiaramente un sistema che ostacolava la partecipazione delle donne a pari livello con i colleghi maschi.

Le sue battaglie non furono solo sociali, ma anche intellettuali. Il celebre episodio della "*Foto 51*", l'immagine cruciale nella scoperta della struttura del DNA, dimostra l'importanza del suo contributo.

La "Foto 51".

Il celebre episodio che vede protagonista la "Foto 51" sottolinea non solo il valore del lavoro della Franklin, ma anche le difficoltà e le ingiustizie che affrontò come donna scienziata negli anni '50.

La "Foto 51" fu scattata nel 1952 nel laboratorio del King's College di Londra da Raymond Gosling, uno studente di dottorato supervisionato dalla Franklin. Si trattava di una fotografia a raggi X del DNA, ottenuta con tecniche di diffrazione ai raggi X, di cui Franklin era una vera esperta. L'immagine mostrava chiaramente un pattern a forma di "X", che era la prova cruciale per comprendere la struttura a doppia elica del DNA. Questo risultato derivava dal lavoro meticoloso della Franklin, che aveva anche identificato due forme principali del DNA (forma A e forma B). La Foto 51 apparteneva alla forma B, e conteneva indizi critici per decifrare la struttura molecolare.

Nel 1953, Maurice Wilkins, collega di Franklin al King's College, mostrò la Foto 51 a James Watson senza il permesso della Franklin. Questo gesto diede a Watson e a Francis Crick, che stavano lavorando a Cambridge su un modello teorico della struttura del DNA, l'accesso a dati cruciali. La Foto 51, insieme ai rapporti non pubblicati di Franklin condivisi senza la sua autorizzazione, fornì loro il supporto sperimentale necessario per costruire il famoso modello della doppia elica, che fu pubblicato lo stesso anno nella rivista Nature.

Sebbene Wilkins, Watson e Crick abbiano ricevuto il premio Nobel per la Fisiologia o la Medicina nel 1962 per questa scoperta, Rosalind Franklin non fu inclusa. Franklin era già morta nel 1958, a soli 37 anni, a causa di un tumore ovarico, probabilmente provocato dalla sua costante esposizione ai raggi X nel corso della sua carriera. Il Nobel non può essere assegnato postumo e il suo contributo non fu pienamente riconosciuto fino a decenni dopo.

Oggi, Rosalind Franklin è considerata una figura chiave nella storia della biologia molecolare. Le sue battaglie non furono solo scientifiche ma anche intellettuali, in un contesto accademico segnato da forti pregiudizi di genere. La vicenda della Foto 51 rimane un simbolo del suo genio e delle ingiustizie che affrontò, ma anche della sua incrollabile dedizione alla scienza.

Il contributo di Rosalind Franklin va oltre il DNA. La sua maestria nell'uso della diffrazione ai raggi X contribuì in maniera rivoluzionaria alla comprensione delle strutture molecolari, campo su cui si basa buona parte della fisica moderna, incluso lo studio della meccanica quantistica. Analizzando la materia a livello atomico, Franklin approfondì la comprensione dei legami chimici e dei comportamenti elettronici, che giocano un ruolo fondamentale nella teoria quantistica.

Un aneddoto racconta che Franklin era solita portare i suoi appunti scientifici ovunque, anche durante le rare pause pranzo. Per lei, ogni dettaglio contava. Credeva nel potere della precisione e nei dati, convinta che solo attraverso l'osservazione rigorosa si potesse progredire nella scienza.

Rosalind Franklin è stata una pioniera in un'epoca che offriva alle donne poche opportunità. Le sue battaglie personali, il suo ingegno e il suo rigore sono diventati un simbolo non solo per le donne nella scienza, ma per chiunque abbia dovuto lottare contro l'ingiustizia per il diritto di scoprire e contribuire alla conoscenza. Franklin non parlava mai apertamente di discriminazione, ma il suo lavoro – e la sua vita – rappresentano una protesta silenziosa ma potente contro un mondo scientifico che per troppo tempo ha sottovalutato le donne.

Sebbene il suo nome sia stato spesso associato alla biologia molecolare, Franklin merita un posto nell'evoluzione della fisica moderna. La capacità di Rosalind di leggere la struttura intima della materia, di comprendere il mondo invisibile degli atomi, la collega a doppio filo con la teoria che governa quel mondo: la meccanica quantistica.

Altri contributi alla rivoluzione scientifica.

Agli inizi del Novecento, la fisica quantistica si sviluppò in un contesto scientifico caratterizzato da un forte predominio maschile, ma ci furono alcune collaborazioni significative tra donne e uomini che contribuirono indirettamente o direttamente a questa rivoluzione scientifica. Nonostante spesso le donne abbiano dovuto affrontare ostacoli e svolgere ruoli marginalizzati, la loro partecipazione, anche in collaborazione con colleghi uomini, fu cruciale in diversi ambiti vicini allo sviluppo della fisica quantistica.

Le collaborazioni tra scienziati e scienziate hanno avuto un impatto importante, anche se il ruolo delle donne era spesso poco visibile. Questi legami contribuirono a connettere varie aree di indagine scientifica — come la radioattività, il nucleo atomico e le strutture matematiche — alla nascente teoria quantistica, creando una solida base per la sua successiva elaborazione.

Molto spesso, le donne si trovavano a contribuire con lavori sperimentali e matematici nei laboratori o collaborando con colleghi uomini senza ricevere pieno riconoscimento del loro ruolo. Nonostante ciò, il loro lavoro ha avuto un impatto duraturo, evidenziando l'importanza di una visione scientifica collaborativa che trascende i generi.

Considerazioni filosofiche: la radioattività come metafora del "disvelamento invisibile".

Allo scoccare del XX secolo, una nuova frontiera si apriva nel mondo della fisica. La scoperta della radioattività svelava l'invisibile, portando con sé una rivoluzione nell'immaginario scientifico e filosofico. Per secoli, la percezione umana aveva costruito certezze sulla base di ciò che appariva evidente ai sensi o alle loro estensioni meccaniche. Con la radioattività, questo paradigma fu stravolto. Fenomeni che esistevano al di là della comprensione diretta si rendevano visibili solo attraverso strumenti complessi e rivelavano la fragilità dell'idea classica di un mondo "solido" e "statico". In questo processo di trasformazione intellettuale, molte donne scienziate giocarono ruoli fondamentali. Non solo nel lavoro di laboratorio, ma anche nel dibattito teorico e filosofico.

Marietta Blau: le tracce invisibili della materia.

Tra le figure meno note rispetto ai grandi nomi della fisica teorica, Marietta Blau, fisica austriaca del primo Novecento, offre un esempio affascinante di come le donne abbiano contribuito a questo "disvelamento invisibile". Blau sviluppò tecniche pionieristiche per rilevare particelle subatomiche attraverso emulsioni fotografiche speciali. Queste lastre permettevano di "vedere" i percorsi delle particelle invisibili, quasi come fossero fotografie della radiazione stessa. Era il 1925, e il lavoro di Blau anticipava la costruzione di strumenti che, negli anni successivi, avrebbero confermato le più sofisticate previsioni della fisica quantistica.

Albert Einstein, nel 1936, fu colpito dal valore del contributo di Blau, ma il riconoscimento ufficiale tardò ad arrivare. Le sue immagini portavano i fisici nel cuore dell'interazione fra il mondo invisibile delle particelle e quello documentabile attraverso le osservazioni. Blau, con le sue lastre fotografiche, non solo permise la scoperta di nuove particelle, ma riportò alla fisica una dimensione "artistica", in cui l'invisibile si rivela attraverso segni stilizzati che richiedono interpretazione.

Il cambiamento percettivo: Marguerite Perey e il radio come "disgregazione creativa".

Marguerite Perey, un'allieva di Marie Curie, lavorò a lungo sulla chimica e sulla fisica della radioattività. Nel 1939, scoprì il francio, un elemento rarissimo e instabile che si forma nella catena di decadimento dell'uranio. Perey non si limitava alla chimica: nelle sue riflessioni emergeva una considerazione cruciale per comprendere il cambiamento epistemologico introdotto dalla radioattività. In un'intervista rilasciata nei primi anni '50, parlando della sua scoperta, Perey osservò:

> *"La radioattività è una disgregazione che crea. È distruzione che produce. È un paradosso che dobbiamo imparare ad accettare."*

Questa frase può sembrare poetica, ma coglie il cuore del mutamento percettivo della modernità in fisica. La radioattività rappresentava la rottura di un'idea classica di permanenza della materia. Perey, ancora giovane durante la Prima e la Seconda guerra mondiale, lavorava in un'epoca in cui l'umanità stessa era alle prese con il paradosso della creazione che nasce dalla distruzione. La radioattività divenne così una metafora potente, capace di riverberare non solo nel pensiero scientifico, ma anche in quello culturale. Non è un caso che, negli stessi anni, letterati come Virginia Woolf e filosofi come Martin Heidegger riflettessero su un'idea dell'essere non più solido e fisso, ma fluido e attraversabile.

Collaborazioni femminili e la consapevolezza dell'invisibile.

Il contributo delle donne alla teoria quantistica non si limitava al laboratorio. La matematica e fisica francese Irène Joliot-Curie, insieme al marito Frédéric Joliot-Curie, proseguì il lavoro iniziato da Marie Curie e Pierre Curie. (Il marito di Irène Joliot-Curie si chiamava Frédéric Joliot-Curie. Entrambi hanno adottato il cognome "Joliot-Curie" dopo il matrimonio.) Ma il suo contributo non fu solamente sperimentale. Irène, in una conferenza tenuta nel 1935 dopo aver ricevuto il Nobel, rifletté sull'importanza del metodo collaborativo nella scienza moderna dicendo:

> *"Non possiamo vedere con un solo occhio l'insieme delle forze che creano il mondo. Gli occhi, molteplici, della scienza sono la sua vera forza."*

La riflessione di Irène pone l'accento sull'aspetto collettivo della moderna fisica. La fisica, diceva, non è più territorio del "grande genio isolato" dell'Ottocento, ma uno spazio fluido in cui idee attraversano confini e discipline. Il "disvelamento" delle forze invisibili della natura dipende dalla capacità umana di lavorare insieme, e in questo le donne, spesso escluse dai canonici percorsi accademici, erano maestre nel creare connessioni.

Radioattività e il "superamento del visibile": una rivoluzione filosofica.

La fisica quantistica e la radioattività scardinarono con forza l'idea che il visibile fosse fonte di verità. Le donne scienziate, spesso ai margini, sembrano incarnare metaforicamente questo principio: lavoravano in un contesto in cui il loro contributo era spesso invisibile, ma essenziale.

La fisica tedesca Grete Hermann, per esempio, pur non lavorando direttamente sulla radioattività, esplorò le implicazioni filosofiche della meccanica quantistica nel suo ruolo di allieva di Heisenberg.

Werner Heisenberg aveva un rapporto profondo con la filosofia, che influenzò significativamente il suo approccio scientifico e la sua visione del mondo. Da giovane, fu attratto dal pensiero di filosofi come Platone, Kant e Schopenhauer, guardando alla filosofia come una chiave per comprendere la natura della realtà. Questa inclinazione lo portò a riflettere sul significato filosofico delle sue scoperte scientifiche, in particolare nel contesto della meccanica quantistica.

Uno degli aspetti centrali del suo contributo filosofico riguarda il principio di indeterminazione, che mise in discussione la nozione classica di realtà oggettiva. Heisenberg sostenne che la meccanica quantistica richiedeva un ripensamento delle basi filosofiche della fisica, in quanto le osservazioni scientifiche erano intrinsecamente legate all'interazione tra osservatore e fenomeno osservato. Questo lo avvicinò a un'interpretazione epistemologica che rompeva con il determinismo newtoniano e riconosceva il ruolo fondamentale della probabilità e della limitazione della conoscenza nel descrivere la natura.

Le sue riflessioni continuarono ad approfondirsi nel tempo. In seguito, Heisenberg si avvicinò al pensiero di Martin Heidegger e partecipò a discussioni su temi esistenzialisti e metafisici. Fu anche influenzato dall'idealismo trascendentale di Kant, che lo spinse a considerare le "categorie" del pensiero come strutture fondamentali che plasmano la nostra comprensione del mondo.

Inoltre, il rapporto con Grete Hermann, una filosofa critica della scuola neokantiana, mostrò l'importanza del dialogo tra filosofia e scienza. Hermann mise in discussione alcune implicazioni epistemologiche delle teorie di Heisenberg, ma entrambi riconobbero il valore del confronto tra paradigmi scientifici e concetti filosofici.

Heisenberg cercò sempre di mantenere un equilibrio tra scienza e filosofia, considerandole parti complementari di uno stesso tentativo di esplorare i misteri della natura.

Grete Hermann, effettivamente, giocò un ruolo fondamentale nell'esplorare le implicazioni filosofiche della meccanica quantistica, un campo altamente interdisciplinare che collega fisica e filosofia.

Essere allieva di Werner Heisenberg certamente influenzò il suo approccio e la sua comprensione della materia. Heisenberg, essendo uno dei fondatori della meccanica quantistica, introdusse Hermann ai concetti chiave e alle controversie interpretative del momento, in particolare per quanto riguarda il principio di indeterminazione e la natura probabilistica della teoria.

Il rapporto intellettuale con Heisenberg potrebbe aver facilitato la sua capacità di accedere alle idee alla fonte e di affrontare le questioni filosofiche con uno sguardo più informato rispetto a quello di chi era esterno al nucleo della nascente teoria quantistica. Tuttavia, Hermann non si limitò a seguire le idee di Heisenberg; anzi, la sua analisi filosofica delle basi della meccanica quantistica fu originale e critica. Ad esempio, contestò alcune delle interpretazioni dell'indeterminismo quantistico sostenendo che, in certi casi, l'apparente rottura di causalità attribuita alla teoria poteva essere mal interpretata.

Questa capacità di analisi indipendente evidenzia che, sebbene il suo rapporto con Heisenberg le abbia offerto un'opportunità unica di esplorare direttamente la meccanica quantistica con una guida esperta, Hermann fu una pensatrice indipendente.

Grete Hermann compose uno dei primi saggi critici sul principio di indeterminazione. In un contesto dove la scienza faceva dell'oggettività il suo dogma, Hermann suggeriva che le leggi fisiche non sono semplicemente "scoperte", ma "costruite" attraverso l'interazione fra osservatore e fenomeno. Anche in questo, il contributo invisibile diventa protagonista.

La radioattività, con il suo ruolo simbolico di "disvelamento invisibile", non ha solo cambiato il modo in cui pensiamo alla natura. Ha portato a ripensare noi stessi, il nostro rapporto con il mondo e la nostra capacità di percepirlo. Donne come Marietta Blau, Marguerite Perey, Irène Joliot-Curie e Grete Hermann hanno incarnato tutto questo nella loro vita e nel lavoro. Il loro contributo, spesso meno visibile, è stato una lente attraverso cui il mondo ha imparato a guardare l'invisibile.

La metafora del "disvelamento dell'invisibile".

Questa metafora trova applicazione in molteplici discipline, come letteratura, arte, filosofia e cinema, dove diventa uno strumento per esplorare ciò che è celato, sconosciuto o trascendente. È un'idea che attraversa generi e linguaggi, offrendo spunti per riflettere sulle verità nascoste e sulle dimensioni più profonde dell'esperienza umana.

In letteratura, ad esempio, Marcel Proust, attraverso la sua monumentale *"Alla ricerca del tempo perduto"*, ci mostra come il tempo e la memoria diventino veicoli per portare alla luce ciò che spesso sfugge, nascosto negli angoli più remoti dell'esperienza personale. È l'immagine di una *madeleine* a innescare un viaggio nel passato, dimostrando che anche i dettagli più piccoli possono spalancare mondi dimenticati.

La madeleine è un piccolo dolce francese che gioca un ruolo simbolico molto importante nel romanzo. Nel celebre episodio, il narratore assaggia una madeleine inzuppata nel tè, e questo evento scatena una serie di ricordi vividi della sua infanzia, in particolare momenti vissuti nella casa della zia a Combray. Questo dimostra come un semplice stimolo sensoriale, come il gusto o l'odore, possa risvegliare memorie nascoste e ricostruire momenti del passato, riportandoli alla luce. La madeleine diventa così il simbolo del "disvelamento invisibile" del passato, che si manifesta attraverso i sensi e la memoria involontaria.

Altrettanto ricca di simbolismo è l'opera di Luigi Pirandello: in *"Uno, nessuno e centomila"*, il continuo gioco di specchi tra identità percepita e autentica mette in risalto la complessità dell'essere umano, difficile da ridurre a una sola definizione. Anche Emily Dickinson lavora su questa dinamica, scavando nelle sfumature dell'invisibile: elementi come il vento o la morte diventano metafore per esplorare l'infinito e il segreto di ciò che non viene detto.

Spostandoci nelle arti visive, troviamo il surrealismo, dove artisti come Salvador Dalí e René Magritte trasformano l'invisibile dell'inconscio in immagini concrete e cariche di potere evocativo. Attraverso l'onirico, svelano ciò che si cela dietro la superficie ordinaria della realtà. Leonardo da Vinci, con l'uso sapiente del chiaroscuro, ci guida in un percorso di graduale rivelazione: le ombre e le luci non sono solo elementi tecnici, ma metafore del processo stesso di scoperta della verità. Similmente, l'arte astratta di Wassily Kandinsky cerca di dare una forma visibile all'inesprimibile, evocando emozioni e dimensioni spirituali altrimenti impossibili da cogliere.

Anche nella filosofia estetica, l'idea di "disvelamento" è centrale. Martin Heidegger, ad esempio, parla dell'arte come un momento in cui la verità si svela, un processo che definisce con il termine greco *"aletheia"*. Attraverso l'arte, un mondo invisibile si apre e rivela connessioni profonde e significati nascosti. Kant ed Edmund Burke invece, nelle loro riflessioni sul sublime, ci mostrano come l'esperienza artistica e naturale possa spalancare una porta verso emozioni immense, che vanno ben oltre la comprensione razionale.

Nel cinema, il linguaggio visivo e simbolico diventa un mezzo privilegiato per svelare ciò che altrimenti rimarrebbe nascosto. Federico Fellini usa sequenze oniriche e immagini cariche di simbolismo in film come *"La dolce vita"* e *"8½"* per esplorare i mondi interiori dei personaggi, portando alla luce i loro sogni e inquietudini. Andrej Tarkovskij, invece, in opere come *"Solaris"* o *"Stalker"*, ci guida in un viaggio attraverso territori invisibili e trascendenti, utilizzando ogni inquadratura come una finestra verso l'ignoto.

Infine, anche la psicoanalisi, con Jung, Freud e i loro interpreti, ha alimentato una vasta produzione letteraria e artistica dedicata al disvelamento dell'invisibile. Franz Kafka, ad esempio, con *"La metamorfosi"*, rende visibili paure e ansie profonde, incarnandole nella trasformazione fisica del protagonista, Gregor Samsa. Attraverso questa lente, l'inconscio si manifesta sotto forma di immagine.

In ciascuno di questi ambiti, il "disvelamento dell'invisibile" si espande ben oltre la sfera del tangibile: rappresenta una ricerca continua, un viaggio verso l'interiore, il simbolico e il trascendente, un'idea universale che intreccia discipline diverse con una forza suggestiva e inesauribile.

Donne, filosofia e fisica quantistica: Un dialogo impossibile?

La fisica quantistica non è mai stata solo una scienza. Dalla sua nascita, ha sollevato questioni profonde sulla natura della realtà, il ruolo dell'osservatore e i limiti della conoscenza umana. Questo terreno, in bilico tra scienza e filosofia, ha attirato grandi menti in ogni epoca. Ma, per molto tempo, le donne sono rimaste ai margini di questo dialogo complesso. Tuttavia, alcune voci femminili sono riuscite a farsi sentire, portando contributi originali e imprescindibili. Una delle figure più significative di questa storia è quella di Grete Hermann, la donna che osò affrontare il leggendario Werner Heisenberg sul suo stesso campo: l'interpretazione filosofica del principio di indeterminazione.

Grete Hermann e il dibattito con Heisenberg.

Negli anni '30, il principio di indeterminazione di Heisenberg era oggetto di dibattiti intensi. La fisica quantistica sembrava mettere in discussione la possibilità di descrivere la natura in modo deterministico. Heisenberg sosteneva che il principio di indeterminazione non fosse solo il risultato di limiti tecnologici, ma una caratteristica fondamentale della realtà. Questa idea aveva implicazioni filosofiche profonde, suggerendo che le leggi della natura non potessero mai essere conosciute con certezza assoluta.

In questo contesto si inserisce Grete Hermann. Allieva di Emmy Noether, Hermann aveva una formazione solida sia in matematica pura che in filosofia critica, grazie al contatto con la tradizione kantiana. Nel 1935, Hermann pubblicò un saggio in cui affrontava direttamente le affermazioni di Heisenberg. La filosofa non si limitò a una critica teorica: analizzò i fondamenti logici del principio di indeterminazione e contestò l'idea che la fisica quantistica implicasse necessariamente l'abbandono del determinismo.

Hermann sostenne che l'indeterminazione descritta da Heisenberg rifletteva una limitazione pratica delle misurazioni, non una verità fondamentale sulla natura. La critica non fu accolta con grande entusiasmo negli ambienti mainstream della fisica, dominati dai padri della teoria quantistica, quasi tutti uomini. Tuttavia, il lavoro di Hermann rimane un esempio raro e prezioso di dialogo tra filosofia e fisica condotto da una donna in un periodo in cui il suo genere la relegava ai margini delle accademie.

Il caso di Grete Hermann non è isolato nella storia della fisica teorica e della sua intersezione con la filosofia. Molte altre donne hanno tentato di inserirsi nei dibattiti filosofici legati alla scienza, ma spesso hanno incontrato ostacoli enormi. I pregiudizi culturali dell'epoca dipingevano le donne come meno adatte alla speculazione astratta e alla formulazione teorica. Questo immaginario collettivo ha rallentato la diffusione delle loro idee e, spesso, cancellato il loro lavoro dalla memoria storica.

La complessità del dialogo: donne tra teoria e pragmatismo.

Un esempio significativo è il caso di Émilie du Châtelet, vissuta nel XVIII secolo, prima dell'avvento della fisica quantistica. Émilie du Châtelet fu una delle menti più brillanti del suo tempo, famosa per la sua traduzione dei lavori di Newton e per i suoi commentari filosofici. Sebbene non legata direttamente alla teoria quantistica, Du Châtelet aprì la strada per il dialogo tra scienza e filosofia. Le sue intuizioni, ignorate per decenni, testimoniano quanto fosse difficile per le donne influenzare le discussioni teoriche, anche quando dimostravano un talento eccezionale.

Uno degli ostacoli principali per le donne nella filosofia della fisica era la difficoltà di essere prese sul serio in campi accademici dominati da uomini. Oltre a Grete Hermann, poche altre donne riuscirono ad affermarsi in queste discussioni. La presenza femminile nella fisica teorica era spesso relegata a ruoli secondari o esclusivamente pratici. Tuttavia, proprio la capacità di integrare una visione filosofica con un approccio pragmatico alla scienza ha permesso a figure come Hermann di distinguersi.

La storia della scienza quantistica è ricca di aneddoti che mostrano il disinteresse (o l'ostilità) verso i contributi femminili. Nel caso di Lisa Meitner, ad esempio, il suo lavoro fondamentale nella scoperta della fissione nucleare fu riconosciuto solo tardivamente e in modo parziale. Sebbene Meitner si sia occupata più di fisica sperimentale che di filosofia, il suo esempio evidenzia quanto fosse difficile per le donne vedersi accettate nelle discussioni teoriche, che spesso erano riservate esclusivamente agli uomini.

Nonostante le sfide, il lavoro delle donne che hanno partecipato al dialogo tra filosofia e fisica quantistica continua a ispirare. Oggi, il loro contributo è rivalutato e posto in relazione con le più recenti interpretazioni della teoria. L'approccio di Grete Hermann, che cercava di integrare una visione critica e razionale con i risultati della fisica, anticipa molti dibattiti contemporanei sull'interpretazione della meccanica quantistica.

Lungo il XX secolo e oltre, la presenza femminile in fisica teorica è cresciuta, contribuendo a trasformare il discorso stesso. I lavori di filosofe della scienza e fisiche contemporanee dimostrano che quel "dialogo impossibile" è diventato sempre più concreto. Tuttavia, la strada verso un pieno riconoscimento delle donne in tutti i campi della conoscenza è ancora in divenire. La storia di figure come Grete Hermann ci ricorda il coraggio di chi, anche senza un grande pubblico, affronta i giganti del proprio tempo.

III°. Le donne, pioniere della fisica quantistica.

"La scienza prospera nella diversità, e il ruolo delle donne nella teoria quantistica ne è un chiaro esempio."
(Michio Kaku)

Lise Meitner e la strada verso la fissione nucleare.

La scienza, per lungo tempo, è stata dipinta come una tela dominata da volti maschili. Tuttavia, affondando lo sguardo negli anni più intensi della fisica quantistica, emerge con forza la figura di donne straordinarie che hanno plasmato interi capitoli della storia della scienza. Tra queste, la fisica austriaca Lise Meitner brilla di luce propria. Una luce non sempre riconosciuta come meritava, ma che ha lasciato un'impronta indelebile nella comprensione dell'atomo e, in particolare, nel processo che oggi conosciamo come fissione nucleare.

Lise Meitner nacque il 7 novembre 1878 a Vienna, in un'epoca in cui le opportunità educative erano per lo più precluse alle donne. Figlia di una famiglia ebrea, dimostrò fin da giovane una passione insaziabile per la matematica e la fisica. Nel 1901, Lise si iscrisse all'Università di Vienna, dove studiò sotto la guida di Ludwig Boltzmann, il grande padre della meccanica statistica. Boltzmann, che condivideva la convinzione che comprendere la struttura fondamentale della materia fosse la chiave per interpretare il mondo, ispirò profondamente la giovane Lise. Fu lui, si potrebbe dire, a piantare il seme di ciò che sarebbe stato il suo legame con il mondo sotterraneo delle particelle.

Negli anni seguenti, come molte altre scienziate della sua epoca, Meitner dovette affrontare non solo sfide accademiche, ma anche pregiudizi culturali radicati. Nel 1907 si trasferì a Berlino, attratta dall'influenza di Max Planck, uno dei padri della teoria quantistica. Lise fu inizialmente ammessa al laboratorio di Planck come ascoltatrice — la posizione migliore a cui una donna potesse aspirare in quel periodo — ma il suo talento non tardò a imporsi. Planck, che raramente si dimostrava aperto verso le ricercatrici, presto la accolse come assistente. Questo segna una svolta nella sua carriera.

A Berlino, Lise incontrò il chimico tedesco Otto Hahn, con il quale avrebbe collaborato per oltre 30 anni. Insieme, formarono un duo complementare: lui chimico esperto, lei fisica teorica meticolosa e creativa. Lise si dedicò con passione allo studio dei raggi beta e del comportamento dei nuovi elementi radioattivi. Negli anni '30, mentre le scoperte sui nuclei atomici si accumulavano, Meitner e Hahn iniziarono a esplorare le trasformazioni nucleari indotte dai neutroni.

Ma la storia di Meitner non si svolge solo nei laboratori tedeschi. È intrecciata con i drammatici eventi della storia politica europea del XX secolo. Nel 1938, con l'Anschluss (l'annessione dell'Austria alla Germania nazista) la sua vita subì uno stravolgimento. Diventata automaticamente cittadina tedesca e quindi soggetta alle leggi razziali, Lise Meitner dovette fuggire. Con il solo bagaglio che poteva portare, abbandonò Berlino in una fredda notte di luglio. Attraversò il confine olandese, aiutata da colleghi simpatizzanti, e da lì si rifugiò in Svezia. Ottenne un posto al *"Nobel Institute for Physics"* di Stoccolma. Fu un'amara separazione. Nel decennio successivo non poté mai tornare nel suo laboratorio né lavorare fianco a fianco con Hahn.

Nonostante tutto, la fuga non pose fine alla sua carriera scientifica. Fu proprio durante l'esilio in Svezia che Lise Meitner completò una delle sue imprese più significative. Nel dicembre del 1938, a Berlino, Hahn e il suo nuovo collaboratore Fritz Strassmann condussero esperimenti sulla bombardamento dell'uranio con neutroni. Osservarono un risultato sorprendente: la formazione di bario, un elemento molto più leggero dell'uranio. Sorpresi e incerti, comunicarono i dati a Lise Meitner.

In quel momento, fuggitiva e isolata dalla sua patria scientifica, Lise si ritrovò in una piccola località svedese, Kungälv, con il nipote Otto Frisch, anch'egli fisico. Durante una passeggiata invernale, immersi nella neve, i due discussero del fenomeno osservato da Hahn. Fu in quel contesto che Lise, con una brillante intuizione teorica, diede senso ai dati. Citando le equazioni della relatività di Einstein ($E=mc^2$), spiegò che la massa mancante durante il processo (un enigma nei dati di Hahn) veniva convertita in energia, liberando una quantità enorme di energia in quello che Otto Frisch chiamò "*fissione nucleare*". Il termine, preso in prestito dalla biologia (si usava per descrivere la divisione delle cellule), divenne rapidamente il simbolo scientifico di un'era.

Otto Frisch verificò l'idea pochi giorni dopo in laboratorio a Copenaghen, sotto la supervisione di Niels Bohr. La scoperta segnava l'inizio di un nuovo capitolo della fisica nucleare, ma portò anche a conseguenze terribili, con lo sviluppo delle armi atomiche. Lise Meitner fu in seguito definita la "*madre della bomba atomica*", un titolo che lei stessa rifiutava con fermezza. Non partecipò mai ai progetti militari, né condivideva l'idea che la scienza dovesse servire a fini distruttivi.

"Non ci lavoro io a queste cose. Voglio che la scienza sia una forza per il bene, non per distruggere".

disse la Meitner rispondendo a un giornalista dopo lo sganciamento della bomba su Hiroshima.

Nonostante il suo contributo cruciale, il riconoscimento tardò ad arrivare. Nel 1944, Otto Hahn ricevette il Premio

Nobel per la Chimica per il suo lavoro sulla fissione nucleare, ma Lise Meitner fu del tutto ignorata dai giurati di Stoccolma. Questo silenzio accademico non passò inosservato. In anni successivi, molte figure del mondo scientifico sottolinearono l'ingiustizia subita da Meitner. Alcuni, come il fisico Otto Robert Frisch, continuarono a indicarla come una delle menti più brillanti e umili del secolo.

Lise Meitner trascorse gli ultimi anni della sua vita in Inghilterra, dedicandosi a riflessioni private e a incontri con giovani ricercatori. Morì il 27 ottobre 1968, all'età di 89 anni. Sulla sua lapide, si legge un semplice epitaffio proposto dal nipote Frisch: *"Lise Meitner: una fisica che non ha mai perso la sua umanità"*.

Oggi possiamo rimediare, almeno in parte, all'oscuramento della sua figura. L'elemento 109 della tavola periodica, il *Meitnerio* (Mt), le rende omaggio. Ma più di ogni riconoscimento simbolico, resta vivo il suo esempio. La storia di Lise Meitner non è solo quella di una scienziata eccezionale, è anche quella di una donna che, contro tutte le avversità, ha continuato a costruire ponti di conoscenza, rinunciato ad accettare le barriere imposte e dimostrato che la vera scienza trascende i pregiudizi, le frontiere e il tempo.

Lise Meitner esclusa dal Nobel assegnato al solo Otto Hahn (1944).

Poco dopo la fuga di Meitner in Svezia, Otto Hahn e il suo collaboratore Fritz Strassmann scoprirono un risultato sorprendente: bombardando l'uranio con neutroni, il nucleo dell'atomo si divideva. Questo fenomeno, però, rimaneva incomprensibile senza l'apporto teorico di Lise Meitner. Fu infatti lei, insieme al nipote e fisico teorico Otto Frisch, a interpretare correttamente i dati di Hahn. Durante una passeggiata nella neve in Svezia, Meitner e Frisch ebbero l'intuizione decisiva: la rottura del nucleo di uranio liberava un'enorme quantità di energia, Otto Frisch battezzò il fenomeno "*fissione nucleare*", un nome destinato a entrare nella storia.

In una lettera da lei scritta, si percepisce l'emozione per questa scoperta:

> *"Fu un momento di verità sorprendente, che ci permise di capire ciò che stava accadendo al nucleo del materiale radioattivo".*

Eppure, per quanto essenziale, il suo contributo sarebbe stato ignorato poco dopo.

La fuga dalla Germania nazista.

Dopo il dottorato, Meitner si trasferì a Berlino nel 1907. Lise Meitner fu una delle poche donne a lavorare nel prestigioso Istituto *"Kaiser Wilhelm"*, ma inizialmente non aveva un laboratorio ufficiale e poteva usare solo il seminterrato. La sua determinazione, però, le permise di superare molte barriere.

Negli anni '30, Meitner e Hahn esplorarono la misteriosa instabilità dei nuclei atomici. Questa ricerca li portò, nel 1938, a un risultato rivoluzionario: la scoperta della fissione nucleare. Fu un periodo complesso e tragico. Lise Meitner, di origine ebraica, dovette fuggire dalla Germania nazista dopo l'*Anschluss*, l'annessione dell'Austria al Terzo Reich. Rifiutò di usare il suo status di cristiana convertita per ottenere protezione. Più tardi scrisse:

"Non potevo assolutamente restare, sarebbe stato un tradimento della mia anima".

La fuga fu rocambolesca. Meitner attraversò a piedi il confine con l'Olanda, aiutata da colleghi e amici. Era Natale del 1938 quando, rifugiata in Svezia, ricevette una cruciale lettera da Otto Hahn. Hahn la informava dei risultati di un esperimento: bombardando l'uranio con neutroni, aveva ottenuto elementi più leggeri. Meitner intuì immediatamente che il nucleo si era spezzato in due, liberando energia.

La scoperta della fissione aprì un nuovo capitolo nella scienza e nella storia dell'umanità. Tuttavia, il nome di Lise Meitner rimase in ombra.

Meitner, tuttavia, non si lasciò abbattere. Continuò a lavorare e a riflettere sulle implicazioni etiche delle scoperte scientifiche. Quando nel 1945 le bombe atomiche devastarono Hiroshima e Nagasaki, lei si espresse con dolore e fermezza. Rifiutò ogni coinvolgimento nel progetto Manhattan, il programma statunitense per sviluppare la bomba atomica.

La storia di Lise Meitner ci insegna il coraggio di seguire la scienza, nonostante le avversità. Ci ricorda anche che il progresso scientifico richiede responsabilità e consapevolezza etica. Lise Meitner non fu soltanto una scienziata brillante, ma anche un simbolo di integrità morale in tempi bui.

Altri contributi significativi alla fisica nucleare.

Oltre a Lise Meitner, ci sono state altre scienziate donne che hanno dato contributi significativi alla fisica nucleare durante lo stesso periodo o in seguito. Ecco alcune figure di rilievo:

Irène Joliot-Curie (1897–1956).

Irène Joliot-Curie, figlia di Marie Curie, ha dato contributi fondamentali alla fisica nucleare e alla chimica. Insieme a suo marito Frédéric Joliot-Curie, ha scoperto la radioattività artificiale nel 1934. Questo lavoro ha aperto le porte alla manipolazione delle reazioni nucleari e ha avuto un impatto enorme sulla fisica nucleare. Ha ottenuto il Premio Nobel per la Chimica nel 1935 per questa scoperta.

Maria Goeppert Mayer (1906–1972).

Maria Goeppert Mayer ha sviluppato il "modello a gusci nucleari", che spiega la struttura interna dei nuclei atomici. Questo modello fu una svolta nella comprensione della stabilità nucleare in relazione a numeri "magici" di protoni e neutroni. Per il suo lavoro, condivise il Premio Nobel per la Fisica nel 1963. Ciò la rese la seconda donna (dopo Marie Curie) a vincere un Nobel in fisica.

Chien-Shiung Wu (1912–1997).

Chien-Shiung Wu, una fisica cinese-americana, è famosa per il suo lavoro sugli esperimenti di decadimento beta, che hanno dimostrato la non conservazione della parità nelle interazioni deboli. Questo risultato rivoluzionario, pubblicato nel 1956, ha confermato le teorie proposte da Tsung-Dao Lee e Chen Ning Yang, che successivamente hanno vinto il Premio Nobel nel 1957. Anche se Wu non ha ricevuto il Nobel, il suo contributo alla fisica nucleare e alle interazioni fondamentali è stato cruciale.

Harriet Brooks (1876–1933).

Harriet Brooks, una delle prime donne a intraprendere studi sulla radioattività, ha lavorato con Ernest Rutherford e ha studiato il fenomeno del decadimento radioattivo. Sebbene spesso trascurata, ha contribuito alla comprensione dei processi di emissione nucleare e alla scoperta degli isotopi.

Emilie du Châtelet (1706–1749)

Sebbene non più presente durante il periodo della fisica nucleare moderna, Émilie du Châtelet è degna di menzione come una delle prime donne a influenzare la scienza moderna, traducendo e commentando il lavoro di Isaac Newton. Il suo lavoro ha posto le basi teoriche per sviluppi successivi.

Vera Rubin: capire l'invisibile.

Nel panorama della fisica del XX secolo, Vera Rubin si distingue come una figura rivoluzionaria. Sebbene il suo nome sia spesso associato all'astrofisica, il suo lavoro sulla materia oscura rappresenta un contributo profondo e indiretto alla comprensione di princìpi quantistici fondamentali. Rubin, con la sua ricerca sull'"invisibile", ha affrontato questioni che vanno ben oltre i confini tradizionali della sua disciplina, coinvolgendo concetti radicati nella meccanica quantistica e offrendo nuove sfide alla comprensione del cosmo.

L'incontro con l'invisibile.

Negli anni '70, Vera Rubin, insieme al collega astronoma Kent Ford, fece una scoperta destinata a sconvolgere la visione dell'universo. Rubin stava osservando la velocità di rotazione delle stelle nelle galassie a spirale, in particolare nella Galassia di Andromeda. Utilizzando spettrografi avanzati, Rubin si accorse che le stelle situate ai margini esterni di queste galassie si muovevano a velocità troppo elevate per essere giustificabili dalla massa visibile delle galassie stesse. Questa anomalia indicava l'esistenza di una grande quantità di materia non visibile, che agiva gravitazionalmente senza emettere luce.

Rubin intuì subito che ciò che stava osservando non riguardava solo l'astrofisica. Le sue conclusioni richiedevano di sfidare il nostro concetto di realtà. In un'intervista nel 1994 disse:

"La materia oscura potrebbe sembrare un'idea bizzarra, ma è necessaria per spiegare come funziona l'universo".

Vera Rubin fornì una nuova lente per comprendere ciò che è "nascosto" e così facendo si avvicinò ai quesiti fondamentali della fisica quantistica, una disciplina che si occupa anch'essa di fenomeni inaccessibili ai sensi ordinari.

La meccanica quantistica e la materia oscura condividono un contesto comune: entrambi esplorano mondi che sfuggono alla percezione diretta. La materia oscura, apparentemente "immateriale", può essere studiata solo attraverso i suoi effetti gravitazionali, mentre i princìpi della fisica quantistica descrivono particelle che sembrano sfidare la logica classica della realtà. Sin dagli anni '30, il concetto di "quanto" (l'unità minima di energia) ha sollevato interrogativi simili sull'"invisibile". Che cosa si nasconde nel vuoto quantistico? La materia oscura potrebbe, in un certo senso, essere collegata ai fenomeni descritti dalla teoria quantistica?

Rubin non cercò risposte immediate in questo campo, naturalmente. Ma il suo lavoro ebbe un impatto interdisciplinare. La fisica teorica moderna tenta infatti di stabilire ponti tra la gravità quantistica e le proprietà della materia oscura, suggerendo che una comprensione più profonda della prima potrebbe svelare i misteri della seconda.

Una scienziata tenace.

Vera Rubin affrontò numerosi ostacoli lungo il suo percorso. Nata nel 1928 a Filadelfia in una famiglia ebrea, trovò presto nel padre il primo sostenitore della sua passione per la scienza. Vera raccontava spesso di quando, ancora giovane, guardava le stelle sul tetto della sua casa, trovando nell'immensità del cielo l'origine delle sue domande più profonde.

Negli anni '50, Vera Rubin si iscrisse alla Cornell University, dove studiò sotto la guida di personalità brillanti come Richard Feynman, uno dei pionieri della meccanica quantistica. In un ambiente dominato da uomini, la sua determinazione brillava. Nonostante molte università americane non permettessero alle donne di accedere a corsi avanzati di astrofisica, Rubin riuscì a completare i suoi studi presso l'Università di Georgetown. La sua carriera scientifica, però, fu spesso segnata dalle discriminazioni di genere. Rubin ammetteva che i colleghi faticavano a prendere sul serio il suo lavoro, solo perché era una donna.

"C'era sempre un modo per farmi sentire invisibile",

dichiarò Rubin in un'intervista. Ma ironicamente, fu proprio lo studio dell'invisibile a darle una fama internazionale e a cambiare il paradigma della cosmologia moderna.

Vera Rubin non ricevette mai il premio Nobel, nonostante le sue scoperte siano tra le più importanti nel campo dell'astrofisica. Tuttavia, il suo nome è stato immortalato in altri modi. Nel 2020, la comunità scientifica ha scelto di chiamare il Vera Rubin Observatory in suo onore, un telescopio che sarà utilizzato per indagare proprio quei misteri che lei ha contribuito a svelare.

Questo osservatorio astronomico, il cui nome completo è *"Vera C. Rubin Observatory"*, si trova in Cile, sul monte Cerro Pachón, a un'altitudine di circa 2.700 metri. È un progetto ambizioso gestito principalmente dalla NSF (*National Science Foundation*) degli USA e dalla DOE (*Department of Energy*), in collaborazione con numerosi enti internazionali.

Il telescopio principale è progettato per condurre una massiccia indagine astronomica di dieci anni, chiamata LSST. (*Legacy Survey of Space and Time*): Scansionerà tutto il cielo visibile ogni tre notti, creando un archivio gigantesco di immagini che permetterà di studiare l'universo in grande dettaglio.

Gli obiettivi scientifici principali sono studiare l'energia oscura, mappare la materia oscura, monitorare oggetti vicini alla Terra (come asteroidi e comete), osservare le galassie lontane e analizzare esplosioni stellari (supernovae).

L'osservatorio ha completato gran parte della costruzione e dovrebbe iniziare le osservazioni scientifiche complete nel corso del 2025, dopo fasi di test e calibrazione.

Il lavoro di Vera Rubin in connessione alla gravità quantistica.

Il lavoro di Vera Rubin sulla materia oscura, pur non essendo direttamente legato alle teorie quantistiche, apre una serie di connessioni fondamentali con il campo della fisica teorica, inclusa la gravità quantistica. Ver Rubin, studiando le curve di rotazione galattiche, ha scoperto che la velocità con cui le stelle ruotano attorno al centro delle galassie non corrisponde alla distribuzione di massa visibile. Questa discrepanza ha portato all'ipotesi dell'esistenza della materia oscura.

La relazione tra materia oscura e gravità quantistica sta diventando sempre più rilevante man mano che i fisici cercano di sviluppare una teoria unificata che colleghi la gravità (descritta dalla relatività generale) con le leggi della meccanica quantistica.

La gravità quantistica a loop (LQG), una delle principali teorie per quantizzare la gravità, ipotizza che lo spazio-tempo abbia una struttura granulare a livello quantistico. Le proprietà invisibili della materia oscura potrebbero, in linea teorica, emergere come un effetto di questa struttura fondamentale. Alcuni fisici suggeriscono che la materia oscura potrebbe non essere una "particella" separata, ma piuttosto un effetto emergente legato alla dinamica quantistica dello spazio-tempo.

Le teorie di gravità quantistica implicano spesso l'esistenza di simmetrie fondamentali che regolano il comportamento dell'universo a scala subatomica. Alcuni modelli che collegano la gravità quantistica e la materia oscura suggeriscono che quest'ultima potrebbe derivare da fluttuazioni del vuoto quantistico o da una forma di energia scura che interagisce con lo spazio-tempo a livello quantistico. La ricerca di queste connessioni trae ispirazione dal lavoro di pionieri come Vera Rubin, che hanno rivelato l'esistenza di componenti invisibili nell'universo.

Si cerca di spiegare i fenomeni gravitazionali osservati da Rubin nelle curve di rotazione galattica con meccanismi quantistici su scala cosmica. Ad esempio, alcune teorie di gravità quantistica esplorano l'idea che l'interazione gravitazionale su grandi distanze potrebbe essere modificata da effetti quantistici, eliminando così la necessità di postulare particelle di materia oscura.

Un'altra possibile connessione riguarda gli assioni o le particelle super-simmetriche (SUSY), spesso proposte come candidati per la materia oscura. Queste particelle ipotetiche potrebbero avere un'origine legata a una teoria quantistica della gravità, inclusa la LQG. Gli assioni, ad esempio, potrebbero emergere da processi correlati alla struttura quantistica dello spazio-tempo.

Alcune teorie alternative, come la gravità modificata (MOND) o la dinamica emergente, propongono che la materia oscura non sia una materia distinta, ma un effetto della modifica della gravità alle scale cosmiche. Queste teorie si sovrappongono con le indagini su come la gravità operi in un contesto quantistico, evidenziando il legame tra i fenomeni osservati da Rubin e le nuove frontiere della fisica teorica.

La connessione tra il lavoro di Vera Rubin e teorie come la gravità quantistica a loop è ancora in fase di esplorazione. Tuttavia, il concetto di "invisibile" introdotto da Rubin nel contesto della materia oscura ha un profondo parallelismo con il lavoro teorico sui fenomeni "invisibili" dello spazio-tempo quantistico. Lo studio della materia oscura spinge quindi i fisici a cercare un'interpretazione più unificata delle leggi fondamentali che governano sia il mondo quantistico che quello cosmico.

Le principali critiche al lavoro di Vera Rubin

Le principali critiche al lavoro di Vera Rubin si concentravano inizialmente sull'idea rivoluzionaria da lei sostenuta riguardo alla materia oscura e al suo ruolo fondamentale nell'Universo. Le sue osservazioni delle velocità di rotazione delle galassie hanno dimostrato che la materia visibile (stelle, gas, polveri) non bastava a spiegare i fenomeni gravitazionali osservati. Rubin misurò che le stelle nelle regioni periferiche di una galassia non rallentavano come previsto dalla distribuzione della massa visibile, ma si muovevano a velocità quasi costante. Questo implicava l'esistenza di una grande quantità di materia invisibile, che successivamente fu definita "materia oscura".

Ecco i principali punti delle controversie scientifiche che hanno accompagnato il suo lavoro e le sue risposte:

Resistenza iniziale alla teoria della materia oscura.

Molti scienziati erano scettici nei confronti della materia oscura, in parte perché implicava un cambiamento radicale nella comprensione della gravità e della struttura dell'Universo. Alcuni sostennero che i risultati di Rubin e collaboratori, come Kent Ford, potevano essere spiegati meglio con modifiche alla teoria gravitazionale (ad esempio, la teoria MOND, *Dinamica Newtoniana Modificata*), anziché postulando una nuova forma di materia invisibile.

Vera Rubin difese i suoi dati empirici con fermezza, sottolineando che i risultati erano stati ottenuti attraverso osservazioni ripetute e rigorose, con strumentazione avanzata e tecniche analitiche robuste. Costantemente ribadiva che i dati stessi guidavano le conclusioni, non un preconcetto teorico Vera affermava:

> *"La materia oscura non è stata inventata; è emersa dai dati".*

C'era sempre stata una critica implicita. Durante i suoi anni di carriera, Rubin affrontò un ambiente scientifico in cui le donne erano spesso sottovalutate o escluse. Il pregiudizio di genere nei confronti delle donne scienziate spesso si traduceva in un atteggiamento scettico nei confronti della credibilità del suo lavoro, anche quando i suoi risultati erano difficili da contestare.

Vera Rubin rispose a questa critica con il suo eccezionale rigore scientifico, concentrandosi sulla qualità dei suoi risultati. In più occasioni dichiarò che il suo lavoro non riguardava simpatie personali o lotte sociali, ma la comprensione del funzionamento dell'Universo. Tuttavia, continuò ad essere una sostenitrice del ruolo delle donne nella scienza e a incoraggiare giovani donne a intraprendere carriere scientifiche.

Un'altra critica era connessa al fatto che alcuni scienziati suggerivano l'esistenza di altre possibili spiegazioni, oltre alla materia, oscura per i fenomeni che Rubin osservava Per esempio, potevano esserci errori nell'interpretazione dei dati o nella nostra comprensione della gravità su scala galattica.

Rubin accolse con grande rispetto le idee alternative, ma evidenziò che nessuna delle teorie alternative poteva spiegare in modo completo e coerente i risultati osservativi, specialmente su larga scala cosmologica. Rimase fermamente ancorata ai dati, convinta che essi supportassero l'esistenza della materia oscura.

Nonostante i suoi profondi contributi alla cosmologia osservativa e all'idea basilare della materia oscura, Vera Rubin non ha mai ricevuto il Premio Nobel. Molti ritengono che ciò rifletta una disparità di genere nel riconoscimento dei contributi scientifici.

Sebbene Vera Rubin non abbia mai pubblicamente lamentato la mancata assegnazione di riconoscimenti ufficiali, continuò a sostenere con passione il valore del suo lavoro e il suo impegno verso l'avanzamento della scienza. La sua decisione di continuare a lavorare nonostante le barriere è stata vista come un esempio di dedizione e resilienza.

Esiste anche una critica più ampia: Anche dopo l'adozione della materia oscura come parte integrante della cosmologia moderna, alcuni fisici teorici contestano i limiti della nostra comprensione, sottolineando che la sua natura resta sconosciuta e che gli sforzi per rilevarla direttamente non hanno avuto successo finora.

Tuttavia, Vera Rubin non si occupò direttamente della fisica teorica della materia oscura, concentrandosi invece sulle osservazioni e lasciando alle generazioni successive il compito di approfondire la sua natura. Spesso dichiarava che il progresso nella scienza richiede pazienza, sottolineando che il fatto stesso di non comprendere ancora appieno la materia oscura non invalida i suoi risultati.

In conclusione, Vera Rubin rispose a tutte le controversie e critiche mantenendo un'elegante semplicità: i dati dovevano parlare da soli. Difese sempre la necessità di osservare e comprendere l'Universo basandosi su ciò che si può misurare e osservare con precisione, piuttosto che su preferenze teoriche o pregiudizi. La sua capacità di trasformare i dubbi in opportunità per migliorare la scienza, unita alla sua forza e umiltà, resta un esempio fondamentale nella storia della scienza moderna.

La connessione tra astrofisica e teoria quantistica nella comprensione delle leggi dell'universo.

Vera Rubin ha offerto un contributo fondamentale all'astrofisica attraverso la sua scoperta delle velocità di rotazione anomale delle stelle nelle galassie, una scoperta che ha portato all'evidenza empirica della materia oscura. Questa scoperta ha aperto una connessione cruciale tra l'astrofisica e le teorie quantistiche nella comprensione delle leggi fondamentali dell'universo.

La materia oscura, una forma di materia invisibile che costituisce una percentuale rilevante della massa dell'universo, ha cambiato il modo in cui comprendiamo la struttura e l'evoluzione cosmica. Rubin ha mostrato che le stelle nelle regioni esterne delle galassie ruotano a velocità inaspettatamente elevate, incompatibili con le previsioni basate solo sulla materia visibile. Questo implica la presenza di un'enorme quantità di materia "oscurata", la cui forma, proprietà e natura rimangono ancora enigmatiche.

La comprensione della materia oscura sfida i limiti della fisica moderna e si intreccia con le teorie della gravità quantistica e della meccanica quantistica.

Gravitazione quantistica e *"Loop quantum gravity"* (LQG):

Alcuni modelli di gravità quantistica ipotizzano che la materia oscura possa essere un effetto emergente derivante dalla struttura granulare dello spaziotempo, presente a scale infinitamente piccole. Questa teoria suggerisce che l'universo osservabile porti traccia di processi quantistici profondi e che l'interazione tra materia ordinaria e spaziotempo sia modificata su scale cosmologiche.

Un'altra ipotesi lega la materia oscura alle fluttuazioni quantistiche primordiali avvenute poco dopo il Big Bang. Queste fluttuazioni potrebbero aver creato particelle ipotetiche come i WIMP (*particelle massive debolmente interagenti*) o assioni, che potrebbero rappresentare una componente della materia oscura.

La scoperta di Vera Rubin ha quindi posto quesiti fondamentali non solo sull'universo visibile, ma anche sulla sua composizione invisibile e sulle forze che modellano la sua evoluzione. Rendersi conto che c'è una connessione profonda tra l'astrofisica osservativa e le fondamenta teoriche della fisica quantistica significa anche riconoscere che le leggi dell'universo si sviluppano in continua interazione tra enormi scale cosmiche e processi subatomici.

Nonostante l'impatto delle sue scoperte, i contributi di Vera Rubin non sono stati sempre riconosciuti pienamente, a causa dei pregiudizi di genere e della resistenza iniziale alla teoria della materia oscura. Tuttavia, il suo lavoro continua a essere cruciale per le indagini che mirano a unificare l'astrofisica classica con le teorie quantistiche nella ricerca di una comprensione globale del cosmo.

Riflessione filosofica: il "non visto" è sempre reale?

La fisica è spesso considerata un dominio riservato al visibile, al calcolabile, a ciò che emerge come tangibile osservazione. Vera Rubin ha capovolto questa visione, dimostrando che il cuore dell'universo pulsa in gran parte nel mistero dell'invisibile. La sua carriera scientifica non è solo un trionfo di intuizione e dedizione, ma un esempio di come il contributo delle donne alla scienza possa rivoluzionare il nostro modo di concepire la realtà.

Con un forte interesse per l'astronomia fin da giovane, Vera studiò scienze alle università di Vassar e Cornell, affrontando non poche difficoltà a causa dei pregiudizi di genere. Nonostante i suoi successi accademici, spesso si vide negare accesso o riconoscimento nei luoghi riservati agli uomini. Eppure, Vera Rubin fu in grado di tracciare un percorso nuovo e rivoluzionario nella comprensione dell'universo.

Negli anni '70 Rubin iniziò a condurre studi sulle galassie a spirale, cercando di misurare come le stelle ruotassero attorno al centro galattico. Con grande sorpresa, le osservazioni mostrarono che le stelle poste ai margini delle galassie giravano a una velocità molto maggiore di quanto previsto dalle leggi gravitazionali di Newton e dalle quantità visibili di materia. Questa discrepanza suggeriva che esistesse una forma di materia invisibile, distribuita in modo uniforme, che forniva l'energia gravitazionale necessaria per sostenere questi movimenti.

Rubin lavorò fianco a fianco con il collega Kent Ford, utilizzando spettrografi innovativi per raccogliere dati sempre più precisi. L'evidenza era innegabile. Un nuovo concetto si affacciò sull'orizzonte della fisica: la "materia oscura". Rubin non inventò il termine, ma rese questo enigma il cuore pulsante delle discussioni cosmologiche negli anni successivi. Per molti, la materia oscura diventò la prova di ciò che non si può vedere ma che, paradossalmente, dà forma alla realtà osservabile.

Il "non visto" è sempre reale?

La scoperta di Rubin ha innescato un profondo dibattito filosofico: come possiamo credere nell'esistenza di qualcosa che non possiamo osservare direttamente? Se l'universo ha un "corpo nascosto" composto per il 27% di materia oscura, come possiamo definirlo reale?

Il tema del visibile e dell'invisibile, del reale e dell'apparente, era già stato affrontato dai filosofi della scienza. Un esempio è Galileo Galilei, che invitava a *"guardare con occhi nuovi"*. Nel XX secolo, il fisico Werner Heisenberg, con il suo principio di indeterminazione, aveva già sollevato il problema: ciò che osserviamo non è necessariamente tutto ciò che esiste.

Rubin lo tradusse in un linguaggio cosmologico. Per lei, la realtà dell'universo non era limitata a ciò che vedevamo o misuravamo con strumenti diretti. La sua frase, semplice ma potente, riassumeva questa idea:

"La scienza ci chiede di accettare l'incertezza. Solo allora possiamo fare nuove scoperte".

La materia oscura non fa luce, non emette radiazioni, ma esercita una forza: una firma invisibile della sua presenza reale.

Per molti studiosi, la materia oscura ha implicazioni che vanno oltre la fisica. Filosofi, teologi e artisti hanno trovato nella scoperta di Rubin una metafora della condizione umana. L'idea che la struttura dell'universo sia sostenuta da qualcosa di invisibile suggerisce che anche nella nostra vita vi siano dimensioni "oscure" ma fondamentali, come l'inconscio o la spiritualità.

Dal punto di vista scientifico, la ricerca di Rubin ha contribuito a teorie moderne sui limiti della nostra conoscenza. Alcuni fisici collegano la materia oscura alle teoria quantistiche della gravità, come la gravità a loop, che vedono l'universo come una rete di relazioni quantistiche. In queste visioni, ciò che è "emerso" dalla realtà invisibile è una sorta di ordine quantistico sottostante: il mondo osservabile diventa un effetto secondario di strutture che non vedremo mai direttamente.

L'eredità di Rubin ci invita a riflettere non solo sul mistero della materia oscura, ma anche sul ruolo di quelle menti – spesso silenziose o invisibili nella storia – che hanno illuminato intere generazioni. Vera Rubin dimostrò che l'universo non è solo ciò che vediamo. Il suo invito filosofico è ancora lì: forse, il "non visto" è l'essenza più profonda di ciò che possiamo chiamare reale.

La sua vita e la sua scienza ci chiedono di affrontare le ombre non con timore, ma con curiosità. In un certo senso, come lei stessa disse:

"L'universo è più grande di quanto possiamo immaginare. E questo è il suo dono più profondo".

IV°. Donne e filosofia della teoria quantistica.

"Dietro ogni nuova idea in fisica quantistica si cela l'impegno collettivo di donne e uomini." (Max Planck).

La meccanica quantistica e il problema della realtà.

Il legame tra la meccanica quantistica e la filosofia della mente è un campo affascinante e interdisciplinare che ha attirato l'attenzione di molti pensatori, in particolare per quanto riguarda il problema della coscienza, il libero arbitrio e il ruolo dell'osservatore nella realtà quantistica. In questo contesto, emergono contributi importanti di alcune donne che hanno lasciato il segno nell'approfondire le implicazioni filosofiche della fisica quantistica.

Legami tra meccanica quantistica e filosofia.

Un contributo cruciale è stato dato da Grete Hermann, che, come già accennato, ha offerto una delle prime e più influenti analisi filosofiche della meccanica quantistica. Grete era profondamente interessata alla questione del determinismo, che è fondamentale anche nella filosofia della mente. La sua critica al determinismo causale classico, nella scia della interpretazione di Heisenberg, apre interessanti paralleli con questioni sul libero arbitrio, spesso discusse nella filosofia della mente. Grete, attraverso la sua analisi, dimostra come la meccanica quantistica superi una visione rigidamente deterministica della realtà, lasciando spazio a possibilità e scelte, idee che possono influenzare anche la nostra comprensione della mente.

Inoltre, il suo lavoro sulla meccanica quantistica, inclusa la discussione sul paradosso EPR (Einstein-Podolsky-Rosen), solleva domande fondamentali sulla natura della realtà e del ruolo dell'osservatore. Per la filosofia della mente, questo può tradursi in interrogativi su come la coscienza interagisce con la realtà fisica e se la mente stessa possa avere un ruolo "attivo" nell'osservare e influire sul mondo fisico.

Un'altra figura che, anche se meno visibile, può essere citata è Margrethe Bohr, che ebbe un'influenza importante sulle riflessioni di suo marito, Niels Bohr, sulla complementarità e sul ruolo dell'osservatore. Sebbene il suo contributo non sia formalizzato in pubblicazioni come quello di Hermann, il rapporto tra Margrethe e Niels suggerisce una contaminazione intellettuale che ha arricchito il modo in cui la fisica quantistica potrebbe essere concepita in relazione alla mente e alla coscienza. L'idea della complementarità stessa di Bohr è stata considerata da alcuni come un ponte potenziale tra la fisica e la filosofia della mente, dove aspetti apparentemente contraddittori della realtà (come materia e mente) possono coesistere in modi interdipendenti.

Meccanica quantistica e filosofia della mente: il ruolo delle donne oggi.

Attualmente, molte pensatrici contemporanee stanno portando avanti discussioni su come la fisica quantistica possa essere collegata alla filosofia della mente. Ad esempio, temi come il ruolo dell'entanglement nella connessione tra entità fisiche separate e l'influenza della coscienza umana sulla funzione d'onda sollevano possibilità stimolanti. Sebbene non storicamente legate alla meccanica quantistica, alcune studiose nel campo della filosofia della mente e della fisica teorica stanno esplorando modelli ispirati alla fisica quantistica per comprendere meglio il funzionamento della coscienza.

In questo contesto può essere utile ricordare che il dibattito interdisciplinare tra fisica e filosofia ha spesso sofferto di una sottorappresentazione delle donne, ma il panorama sta gradualmente cambiando. Filosofe e scienziate contemporanee come Karen Barad (che ha sviluppato il concetto di "intra-azione" basato sull'interpretazione di Bohr) stanno rimodellando il campo con approcci innovativi.

Karen Barad e il concetto di "intra-azione".

Tantissime donne hanno contribuito al progresso delle teorie quantistiche e all'elaborazione di concetti fondamentali, spesso rimanendo nell'ombra per decenni.

Le difficoltà incontrate dalle donne nella fisica quantistica non si limitano agli inizi del Novecento. Negli ambienti accademici di oggi, il contributo femminile viene ancora sottovalutato, nonostante l'aumento della presenza di studiose nel campo.

Un sottovalutazione simile coinvolse Cecilia Payne-Gaposchkin, che lavorò principalmente in astrofisica quantistica. Nel 1925, Payne dimostrò che l'idrogeno è l'elemento più abbondante nell'universo, una scoperta che avrebbe segnato l'evoluzione della teoria quantistica applicata agli oggetti celesti. Tuttavia, il suo lavoro venne minimizzato per decenni, fino al riconoscimento tardivo negli anni '70.

La fisica quantistica non è mai stata il risultato di menti isolate. È cresciuta su un terreno di collaborazioni complesse. Un esempio storico è il contributo della sovietica Tatiana Afanaseva, che collaborò col marito Paul Ehrenfest sui fondamenti della statistica molecolare e della teoria quantistica. Sebbene il lavoro di Afanaseva fosse cruciale, il suo nome venne spesso escluso dalle pubblicazioni ufficiali.

Anche la storia della fisica quantistica americana offre esempi degni di nota. Negli anni '40 e '50, fisiche come Maria Goeppert-Mayer, seconda donna a ricevere il Premio Nobel per la Fisica (dopo Marie Curie), lavorarono su modelli di struttura nucleare che influenzarono profondamente sia le teorie quantistiche che quelle applicate alle tecnologie nucleari. L'ambiente accademico, però, le fu spesso ostile: Goeppert-Mayer riuscì a ottenere una posizione stabile da docente solo dopo decenni di contributi sottovalutati.

Una scienza in evoluzione e donne che continuano a innovare.

Ai giorni nostri, Karen Barad, fisica teorica e filosofa, ha proposto un concetto radicale conosciuto come "intra-azione". Secondo questa idea, le particelle subatomiche non esistono come entità separate, ma emergono solo attraverso interazioni.

Karen Barad ci offre una prospettiva rivoluzionaria per osservare il mondo, un punto di vista che supera la tradizionale distinzione tra elementi separati. L'idea fondamentale del suo concetto di "intra-azione" è che niente esiste in modo isolato: tutto prende forma e significato attraverso la relazione con altro. Non si tratta di semplici interazioni tra entità predefinite, ma di un processo continuo in cui le cose emergono reciprocamente.

Pensiamo alla fisica quantistica e all'entanglement: due particelle non hanno caratteristiche fisse e definite; le loro proprietà si definiscono solo nel momento in cui si relazionano tra loro e con l'atto di osservazione. Questo stesso principio si estende ben oltre la fisica, abbracciando anche fenomeni complessi come gli ecosistemi. Una foresta, ad esempio, non è solo un insieme di alberi, ma un ambiente vivo e dinamico in cui piante, animali e microbi si influenzano continuamente. Un esempio evidente è la rete di micelio che connette gli alberi sottoterra, permettendo loro di scambiarsi risorse e informazioni vitali.

La tecnologia, come gli ecosistemi, riflette l'idea di intra-azione. Un'applicazione, per esempio, non ha significato di per sé, ma lo acquisisce solo attraverso l'uso e l'esperienza dell'utente. Google Maps non è soltanto un software: è il risultato dell'interazione tra l'utente, i dati GPS, le mappe e l'interfaccia digitale. Questo ci porta a riflettere su come la linea che separa l'essere umano dalla macchina diventi sempre più sfocata. È un punto centrale del pensiero di Barad, che non si limita alla tecnologia ma abbraccia anche dimensioni sociali. Le identità di genere, ad esempio, non sono statiche, bensì dinamiche: si costruiscono e si trasformano attraverso il contesto e le interazioni con le norme culturali, le aspettative sociali e le relazioni con altre persone. Gli oggetti e le istituzioni giocano un ruolo fondamentale nel definire chi siamo a livello individuale e collettivo .

Anche il processo educativo può essere interpretato tramite questa lente. L'apprendimento non si limita a una semplice trasmissione di conoscenze da insegnante a studente: è piuttosto un fenomeno relazionale, che coinvolge studenti, insegnanti, strumenti didattici e il contesto culturale in cui tutto si svolge. Immaginiamo un laboratorio scientifico: non è solo un luogo per apprendere nozioni, ma uno spazio in cui le interazioni fra persone, materiali e attrezzature creano un'esperienza unica e irripetibile. In questo modo, il sapere diventa il risultato di una rete complessa di relazioni .

Il concetto di intra-azione ci invita a riconsiderare profondamente come comprendiamo il mondo. Non esiste nulla in isolamento: ogni elemento, che sia umano, naturale o tecnologico, prende forma attraverso le connessioni che lo legano ad altro. Questo approccio non solo arricchisce la nostra comprensione scientifica, ma ci offre anche strumenti preziosi per affrontare questioni ecologiche, sociali e culturali con maggiore consapevolezza .

Barad combina i principi di base della fisica quantistica con un approccio critico diverso, sfidando le tradizionali idee di oggettività e separazione nel mondo scientifico. Il suo approccio non solo ridefinisce la fisica, ma apre nuove conversazioni sul significato delle relazioni - scientifiche, sociali e filosofiche - nella nostra concezione del mondo.

Un esempio che dimostra la rivoluzione concettuale di Barad è il suo studio sull'esperimento della doppia fenditura. In questo celebre esperimento, una particella manifesta il suo comportamento come onda o come corpuscolo a seconda dell'apparato misurativo usato. Barad va oltre la semplice osservazione fisica, affermando che questa ambiguità dimostra il profondo intreccio tra osservatore, strumento e particella. Quello che spesso si considera un fenomeno puramente scientifico, per Barad diventa una metafora potente delle relazioni interconnesse che modellano sia la scienza sia la società.

Oggi, la fisica quantistica vive una nuova epoca. Il contributo di pensatrici come Karen Barad dimostra che le donne non solo continuano a fare scienza, ma stanno ridefinendo i confini stessi di cosa significhi "scienza". Il riconoscimento dei loro contributi, passato e presente, è un passo fondamentale per una comprensione più aperta e inclusiva di una disciplina che plasma il nostro universo - e il nostro futuro.

Il legame tra meccanica quantistica e filosofia della mente offre uno spazio ricco di riflessione che può essere esplorato ulteriormente partendo dai contributi di figure storiche come Grete Hermann e cercando di valorizzare prospettive contemporanee, molte delle quali ancora in via di sviluppo. L'idea che la mente giochi un ruolo attivo nell'interazione con la realtà fisica, così come le implicazioni filosofiche dell'indeterminismo quantistico, restano temi aperti e stimolanti su cui donne, in passato e anche oggi, stanno offrendo contributi fondamentali.

Madame Curie e la questione dell'invisibilità degli elementi fondamentali.

La nascita della meccanica quantistica ha spalancato una finestra su una dimensione prima inimmaginabile: il mondo dell'infinitesimamente piccolo. Un mondo diverso, invisibile ai sensi, dove le leggi della fisica classica sembrano svanire. Questo universo subatomico pone una domanda fondamentale: qual è la natura della realtà? E come possiamo comprendere qualcosa che non vediamo, non tocchiamo e che sfugge persino alle categorie tradizionali della conoscenza?

Marie Curie, nota per la sua scoperta del polonio e del radio all'inizio del XX secolo, non ha contribuito direttamente alla teoria quantistica. Tuttavia, il suo lavoro rappresenta una pietra miliare nella comprensione di ciò che, per lungo tempo, è stato invisibile. Madame Curie ha aperto la strada a un modo nuovo di guardare all'universo fisico, un modo che i fisici quantistici avrebbero ereditato e ampliato.

Nel laboratorio di Parigi, insieme al marito Pierre, Marie Curie scoprì che il minerale noto come pechblenda emetteva radiazioni misteriose. Quegli elementi, il polonio e il radio, si presentavano in quantità talmente esigue che, agli occhi dei più, sembravano quasi "non esistere".

Tuttavia, attraverso esperimenti rigorosi e migliaia di ore di lavoro, Marie Curie dimostrò che ciò che era invisibile poteva essere non solo identificato, ma anche misurato con precisione. La sua pazienza e il metodo scientifico rigoroso infransero il velo del "non visto".

Questa lezione sarebbe fondamentale per affrontare il nucleo filosofico della meccanica quantistica: come comprendere e descrivere una realtà che non possiamo percepire direttamente?

I parallelismi con il problema della realtà in meccanica quantistica.

La meccanica quantistica, introdotta ufficialmente nei primi decenni del XX secolo, ha imposto interrogativi simili a quelli che affrontarono i Curie. Come determinare la natura delle particelle subatomiche? Una delle domande più affascinanti e difficili riguarda il concetto stesso di realtà. Esiste qualcosa, anche se non lo osserviamo?

Il celebre principio di indeterminazione di Heisenberg (1927) sostiene che non possiamo conoscere contemporaneamente sia la posizione sia la velocità di una particella subatomica. A livello filosofico, ciò solleva dubbi sul fatto che una realtà "oggettiva" esista al di fuori dell'osservazione umana.

In questo contesto, il lavoro di Curie — basato su prove scientifiche invisibili ai sensi ma tangibili nei risultati — ha fornito un esempio importante di come la scienza può superare le barriere dell'immediato, lasciando spazio a nuove modalità di comprensione.

Oltre a Marie Curie, altre donne hanno cercato di affrontare o interpretare il problema filosofico della realtà nel contesto della meccanica quantistica. Nomi meno noti rispetto ai "padri fondatori" della teoria (come Bohr, Einstein o Schrödinger) meritano di essere ricordati per il loro contributo.

Uno degli esempi più significativi è quello di Grete Hermann, una filosofa e matematica tedesca che, negli anni Trenta, rifletté criticamente sul principio di indeterminazione di Heisenberg. Hermann respinse la visione pessimista secondo cui la fisica quantistica avrebbe negato ogni realtà oggettiva. Invece, suggerì che fosse necessaria una nuova definizione di realtà, che tenesse conto della complessità dell'interazione tra osservatore e oggetto osservato.

Si possono trovare eco di questa visione nella stessa vita di Curie, che intuì — prima ancora che fosse formulata la teoria quantistica — come l'osservazione e lo studio della realtà invisibile richiedessero nuovi strumenti, nuovi paradigmi e un'apertura mentale senza precedenti.

L'invisibilità degli elementi studiati da Curie e l'astrattezza dei concetti della fisica quantistica hanno anche un profondo significato simbolico. In un certo senso, il lavoro delle donne nella scienza del XX secolo ha spesso riflesso questa "invisibilità". Alla fatica di scoprire il mondo invisibile si è accompagnata, per molte scienziate, la lotta per guadagnare visibilità e riconoscimento.

Marie Curie ottenne due premi Nobel (1903 per la Fisica e 1911 per la Chimica), ma venne spesso vista più come un'eccezione che come un modello. Per altre, la strada fu ancora più difficile. Grete Hermann, pur avendo realizzato analisi fondamentali sul rapporto tra la scienza quantistica e la filosofia, è stata per lunghi anni dimenticata dai manuali.

Il lavoro di Marie Curie, benché lontano dalla complessità matematica di Schrödinger o Dirac, anticipò il principio fondamentale della fisica moderna: il mondo invisibile non è separato dal visibile, ma lo genera e lo guida. I suoi studi pionieristici rafforzarono l'idea che *"l'essenziale è invisibile agli occhi"* — per dirlo con le parole di Antoine de Saint-Exupéry nel *"Piccolo Principe"*

Oggi il dibattito filosofico sulla realtà nella meccanica quantistica, con interpretazioni che spaziano dall'approccio "realista" alla visione multiverso, continua a interrogare la nostra visione del mondo. In fondo, la domanda posta dalla meccanica quantistica — che cosa significa esistere? — è una versione moderna dei quesiti che hanno alimentato per secoli la filosofia. Madame Curie, con la sua instancabile ricerca, ci ha insegnato che le risposte, per quanto invisibili, valgono sempre l'impegno di essere scoperte.

Grete Hermann: filosofia e quanti.

La storia della teoria quantistica, spesso dominata da grandi figure maschili, nasconde nelle sue pieghe contributi altrettanto significativi che provengono dalle donne. Tra queste spicca Grete Hermann, una filosofa e matematica tedesca che già negli anni '30 elaborò riflessioni profonde sulla controversa interpretazione di Copenaghen della meccanica quantistica. Hermann, con il suo pensiero sofisticato e la sua capacità di coniugare filosofia e scienza, offrì una prospettiva unica, capace di mettere in dialogo questioni di fisica con temi fondamentali della metafisica e della logica.

Hermann e l'interpretazione di Copenaghen.

Grete Hermann nacque nel 1901 a Brema, in Germania. Dopo aver conseguito il dottorato in matematica presso l'Università di Göttingen sotto la guida di Emmy Noether, un'altra donna gigante della scienza spesso dimenticata, Hermann decise di dedicarsi alla filosofia della scienza. Negli anni '30 si avvicinò alla neonata meccanica quantistica e alle questioni filosofiche sollevate dall'interpretazione di Copenaghen, che in quel periodo stava prendendo forma sotto l'impulso di Niels Bohr e Werner Heisenberg.

Heisenberg, nel 1927, aveva formulato il celebre principio di indeterminazione, una delle pietre angolari della nuova fisica. Questo principio metteva radicalmente in discussione il determinismo della fisica classica, sostenendo che non si possono conoscere contemporaneamente con precisione arbitraria la posizione e la quantità di moto di una particella. Grete Hermann, animata da un forte interesse per le implicazioni filosofiche di queste affermazioni, decise di analizzarne l'essenza.

Il lavoro di Grete Hermann si concentrò sul rapporto tra causalità e meccanica quantistica. A differenza di Albert Einstein, che percepiva la teoria quantistica come incompleta e cercava un modo per ripristinare una visione deterministica della realtà, Hermann adottò un approccio diverso. Gli studi di Hermann miravano a riformulare il concetto di causalità, abbandonando la rigidità deterministica della fisica classica ma senza cadere in un completo fatalismo.

Un episodio significativo è la sua interazione con il dibattito generato dal famoso paradosso EPR (Einstein-Podolsky-Rosen) del 1935. In questo lavoro, Einstein e i suoi collaboratori criticavano l'indeterminatezza della meccanica quantistica, sostenendo che la teoria consentiva violazioni della "realtà locale". Hermann, con una comprensione profonda sia delle difficoltà fisiche sia delle implicazioni filosofiche, difese la possibilità di una causalità che fosse compatibile con la teoria quantistica.

Heisenberg e il confronto intellettuale.

Il rapporto tra Grete Hermann e Werner Heisenberg fu particolarmente stimolante per entrambi. I due dibatterono molte volte su alcuni dei temi più complessi della fisica e della filosofia. L'approccio di Hermann si rivelava rispettoso ma critico. Mentre Heisenberg insisteva sull'impossibilità di una realtà oggettiva indipendente dall'osservatore, Hermann cercava di mantenere un equilibrio tra l'indeterminazione quantistica e una visione filosofica coerente del mondo naturale. Nel 1934, durante una conferenza a Lipsia, Grete dichiarò:

> *"Dobbiamo ripensare il concetto di realtà non solo alla luce della fisica quantistica, ma anche in relazione alla libertà con cui il nostro pensiero può costruire il mondo."*

Questa frase mostra come Hermann intravedesse qualcosa che i suoi contemporanei raramente riuscivano a cogliere: la necessità di un dialogo costante tra fisica e filosofia per afferrare il significato profondo delle scoperte scientifiche.

Un contributo dimenticato per decenni.

Nonostante i suoi contributi, Grete Hermann fu a lungo ignorata dalla comunità scientifica dominante. La ragione è radicata sia nel contesto storico (Hermann dovette abbandonare la Germania nazista e gli ambienti accademici più frequenti sia nel fatto che il suo lavoro spaziava tra filosofia e scienza, settori che, a torto, furono spesso tenuti separati.

Dopo la Seconda Guerra Mondiale, Hermann si dedicò più alla filosofia morale e politica che alla fisica, ma le sue riflessioni sul concetto di causalità e sul principio di indeterminazione sono tuttora oggetto di studi approfonditi. Solo negli ultimi decenni, grazie al rinnovato interesse per le voci dimenticate della storia della scienza, il suo lavoro ha guadagnato l'attenzione che merita.

Grete Hermann non fu solo una scienziata e una filosofa. La sua figura si inserisce in un contesto culturale più ampio, che attraversa la crisi epistemologica del Novecento, le sfide alla fisica classica e l'ascesa della filosofia analitica. Hermann frequentava ambienti colti e cosmopoliti, e il suo pensiero era influenzato dal pragmatismo americano di John Dewey e dalla logica formale sviluppata da Bertrand Russell e Ludwig Wittgenstein.

La sua formazione sotto Emmy Noether le permise di comprendere la matematica profonda della teoria quantistica, mentre la frequentazione di ambienti filosofici le fornì gli strumenti necessari per affrontare domande che superavano il mero ambito tecnico. Questo duplice approccio, matematico e filosofico, rende il suo contributo unico nel panorama della scienza del XX secolo.

Grete Hermann rappresenta un ponte fondamentale tra due mondi. La sua filosofia ci invita ancora oggi a riflettere sui limiti della conoscenza umana e sul modo in cui interpretiamo la realtà. Grazie al suo lavoro, il principio di indeterminazione di Heisenberg, così come le più ampie implicazioni della meccanica quantistica, acquisiscono una nuova luce. Hermann ci ricorda che la scienza non è mai separata dalla filosofia e che, dietro ogni equazione, si nascondono domande millenarie. Domande che una donna coraggiosa e brillante ha saputo affrontare con rara intelligenza e profonda sensibilità.

La presenza di figure come Hermann e Margrethe Bohr rese l'ambiente intellettuale di Copenaghen non solo un laboratorio scientifico, ma anche un crocevia di riflessioni filosofiche. Le interpretazioni di Bohr sul ruolo dell'osservatore e sulla natura probabilistica della realtà quantistica furono plasmate da questo dialogo costante tra scienza e filosofia.

In un tempo in cui le donne erano spesso escluse dal panorama accademico, Hermann non solo affrontò la complessità della teoria quantistica, ma lo fece con una profondità filosofica che sfidava le rigide divisioni tra scienza e umanesimo. Le sue riflessioni continuano a offrire spunti preziosi per il dibattito odierno sulla natura della realtà.

Il contributo delle donne alla filosofia della meccanica quantistica mostra come la scienza non sia mai "neutrale". Ogni teoria scientifica, inclusa quella quantistica, veicola implicazioni filosofiche, culturali ed etiche. Le donne che hanno partecipato a questo dibattito hanno arricchito la discussione con prospettive uniche, spesso meno legate al formalismo matematico e più inclini a una visione globale.

Oggi, figure come Grete Hermann e Margrethe Bohr trovano nuova luce, dimostrando come la filosofia quantistica sia stata un terreno fertile per riflessioni che superano i confini tradizionali della scienza. La loro eredità ci ricorda che la comprensione della realtà non è un'impresa tecnica, ma uno sforzo collettivo in cui ogni voce, anche quelle per lungo tempo ignorate, ha un peso fondamentale.

La corrispondenza tra realtà fenomenica e il   reale. (connessione con il pensiero kantiano).

La meccanica quantistica, sin dalla sua nascita, ha sconvolto le basi della fisica classica, mettendo in crisi il concetto stesso di "realtà". Le sue domande più profonde non riguardano tanto i calcoli matematici quanto il significato filosofico dei fenomeni che descrive. Che cos'è la realtà? Ciò che percepiamo attraverso i sensi è tutto ciò che esiste o è solo una rappresentazione parziale? Ed è qui che entra in gioco una figura femminile spesso trascurata: Grete Hermann.

Nel 1935 Grete pubblicò un lavoro fondamentale in cui criticava l'interpretazione comune della teoria di Heisenberg, sostenendo che la meccanica quantistica non invalidava completamente il concetto di causalità. Questo studio apriva un ponte tra la rigida causalità deterministica della fisica classica e la probabilità intrinseca della fisica quantistica..

La sua lettura andava oltre il semplice dibattito tecnico. Grete, influenzata dal pensiero di Kant, si chiedeva se ciò che osserviamo fosse la realtà in sé o una costruzione derivata dai fenomeni che possiamo sperimentare. Per Kant, la "realtà" (o "*noumeno*") non è conoscibile direttamente. Ciò che vediamo, i "*fenomeni*", rappresentano solo il modo in cui la realtà interagisce con le nostre capacità cognitive. Hermann vide in questo modello un possibile approccio per risolvere alcune tensioni concettuali della meccanica quantistica, suggerendo che le particelle quantistiche non esistano pienamente come oggetti tangibili fino a quando non vengono osservate o misurate.

Anche il principio di complementarità di Niels Bohr trova un'interessante corrispondenza con il pensiero kantiano. Bohr, uno dei padri della meccanica quantistica, sosteneva che particelle come gli elettroni si comportassero a volte come onde e altre volte come corpuscoli, a seconda di come venivano osservate. Questa duplice natura non esiste in modo oggettivo, ma emerge solo in relazione all'esperimento. Bohr stesso, che aveva studiato filosofia, fu influenzato da idee kantiane. Secondo lui, le proprietà delle particelle non sono intrinseche, ma emergono solo nel contesto di una misura.

Il contributo di Hermann è stato proprio quello di collegare questi concetti complessi con la tradizione filosofica tedesca, rendendo più accessibile il dialogo tra scienza e filosofia. In un periodo dominato dalle figure maschili, Hermann riuscì a ritagliarsi uno spazio intellettuale significativo, partecipando al dibattito con logica e profondità.

La questione della realtà nella vita quotidiana dei fisici.

L'interazione tra realtà fenomenica e reale non era però solo una questione filosofica astratta. Negli anni '20 e '30, mentre le teorie quantistiche prendevano forma, Lise Meitner, una delle più grandi menti della fisica nucleare, si trovò a riflettere su come le implicazioni filosofiche della scienza cambiassero anche il rapporto con il mondo esterno. Meitner, di origini ebraiche, fu costretta a fuggire dalla Germania nazista nel 1938, lasciandosi alle spalle non solo un ruolo scientifico di rilievo ma anche il suo contributo tangibile alla scoperta della fissione nucleare. La sua vicenda solleva una domanda su quale fosse la realtà dei suoi diritti come scienziata in un sistema che li negava apertamente, rappresentando una sorta di parallelo storico e umano al dibattito quantistico: quanto ciò che percepiamo come "vero" è influenzato dal contesto?

Un altro tema interessante riguarda il contesto in cui le discussioni sulla "realtà" si svolgevano. Nel 1927, durante il famoso congresso di Solvay in Belgio, le più grandi menti della fisica, tra cui Einstein, Bohr, e altri, si confrontarono sulla natura della realtà descritta dalla meccanica quantistica. Einstein, fermo sostenitore di un universo deterministico, pronunciò la celebre frase: *"Dio non gioca a dadi"*. Bohr, al contrario, invitò Einstein a *"non dire a Dio cosa fare con il suo universo"*.

In mezzo a questi giganti, raramente si cita che Grete Hermann partecipava ai circoli di discussione scientifica, in quanto allieva e sostenitrice filosofica di questi sviluppi. Il suo approccio cercava di mediare tra il rigore della scienza e l'astrazione della filosofia.

Il contributo delle donne alla riflessione filosofica sulla meccanica quantistica è una storia troppo spesso dimenticata. Nel caso di Grete Hermann, il suo lavoro dimostra che il pensiero scientifico non si accontenta mai di spiegare "come" funzionano le cose, ma si chiede anche "perché". Il suo tentativo di integrare il pensiero kantiano nell'interpretazione della realtà fenomenica mostra quanto la scienza e la filosofia siano complementari.

Queste donne lavoravano spesso in condizioni di ingiustizia, sottovalutate e invisibili. Eppure, il loro impegno intellettuale ha reso il mistero della meccanica quantistica ancora più affascinante, ponendo domande che restano attuali. Guardare la scienza attraverso gli occhi di pensatrici come Hermann non arricchisce solo la fisica, ma dà dignità a una storia collettiva che non dovrebbe mai essere dimenticata.

Contestazioni su tutti i fronti.

Grete Hermann ha avuto un ruolo fondamentale, ma a lungo trascurato, nell'interpretazione della meccanica quantistica, affrontando questioni profonde legate alla realtà e alla causalità. Fu una delle prime filosofe a confrontarsi seriamente con il cosiddetto "problema della realtà" nella meccanica quantistica. Sebbene il suo lavoro sia rimasto in ombra per decenni, oggi è riconosciuto come un contributo significativo nello sviluppo del pensiero quantistico.

Uno dei suoi contributi principali è stato il suo approfondimento critico del principio di indeterminazione di Heisenberg. Hermann non solo comprese la portata del principio in quanto pilastro della meccanica quantistica, ma cercò anche di delinearne i limiti filosofici. Si oppose all'idea che l'indeterminazione implicasse necessariamente un rifiuto del concetto di causalità. In questo senso, il suo lavoro prende posizione contro una visione puramente deterministica, proponendo invece un nuovo approccio alla causalità, in linea con il mondo probabilistico descritto dalla teoria quantistica.

Grete Hermann si relazionò anche con il pensiero di Niels Bohr, in particolare con la sua idea di complementarità. Sebbene condividesse alcune delle basi filosofiche di Bohr, Hermann cercò di raffinare e chiarire alcuni aspetti della complementarità, sottolineando come l'interazione fra osservatore e sistema non eliminasse la possibilità di una descrizione coerente della realtà, ma richiedesse piuttosto una riconsiderazione delle categorie classiche.

Un altro contributo cruciale di Hermann fu la sua risposta alle critiche di Albert Einstein sulla meccanica quantistica, espresse nel famoso paradosso EPR (Einstein-Podolsky-Rosen). Hermann sostenne che la meccanica quantistica non implicava la necessità di una "realtà nascosta" più profonda, come invece ipotizzavano Einstein e altri critici. Invece, Grete propose che la teoria quantistica offrisse una nuova prospettiva su come intendere la realtà e la causalità, rompendo con la visione classica.

Sfortunatamente, queste intuizioni sono state ampiamente trascurate per anni. Solo recentemente, grazie a studi storici e filosofici, il suo lavoro è stato riesaminato e rivalutato, portando alla luce l'importanza delle sue riflessioni per comprendere meglio l'interpretazione della meccanica quantistica e le implicazioni filosofiche delle sue regole fondamentali. Hermann si pone dunque come una figura ponte tra le intuizioni dei pionieri della fisica quantistica e una più articolata filosofia della scienza che rifiuta la semplicistica dicotomia tra determinismo e indeterminazione.

Il contributo di Hermann nel combinare epistemologia e fisica quantistica.

Grete Hermann è stata una pioniera nel collegare la filosofia alla fisica quantistica. Fu allieva della matematica Emmy Noether, la cui influenza la portò a sviluppare l'abilità di unire rigore matematico e riflessione filosofica. La sua carriera si mosse rapidamente verso l'intersezione tra scienze naturali ed epistemologia, una scelta che avrebbe caratterizzato le sue opere più importanti.

Negli anni Trenta del Novecento, mentre la meccanica quantistica iniziava a prendere forma, Hermann si immerse nel dibattito delle sue interpretazioni. In particolare, criticò le posizioni dominanti dell'epoca, come quella espressa da Werner Heisenberg con il famoso principio di indeterminazione. Secondo Heisenberg, l'incertezza intrinseca negli stati quantistici negava qualsiasi causalità deterministica, un elemento che Hermann non accettò senza riserve.

Hermann pubblicò i suoi studi più famosi nel 1935, in un momento decisivo per la fisica quantistica. Lei dimostrò, in modo rigoroso, che l'indeterminazione di Heisenberg non invalidava in assoluto il concetto di causalità, ma piuttosto richiedeva di ridefinirla. Una delle sue tesi centrali sosteneva che era ancora possibile parlare di "cause ed effetti" a livello subatomico, anche nel contesto delle leggi probabilistiche della fisica quantistica. Fu un approccio innovativo che non negava la scienza sperimentale, ma tentava di interpretare la teoria quantistica sotto una luce più comprensibile.

Grete Hermann fu anche una delle prime filosofe a confrontarsi direttamente con il famoso paradosso EPR (Einstein-Podolsky-Rosen), descritto in un articolo del 1935 da Albert Einstein e i suoi collaboratori. Questo problema metteva in discussione il concetto di "realtà" nei fenomeni quantistici e l'idea di località. Einstein, noto per le sue obiezioni alla meccanica quantistica, cercava un sistema che salvaguardasse una realtà oggettiva. Hermann prese posizione mostrando come le interpretazioni epistemologiche potevano fornire soluzioni al dibattito, mantenendo una visione coerente con la fisica stessa. Non si trattava solo di teoria: Hermann tentava di rispondere a domande su come conosciamo il mondo e su quali basi le leggi naturali possano essere comprese.

Nonostante il suo contributo straordinario, Grete Hermann fu a lungo dimenticata. La sua figura riemerse solo verso la fine del Novecento grazie all'impegno di storici della scienza che riscoprirono la sua opera. L'oscurità che avvolse Hermann riflette un problema più ampio legato al riconoscimento delle donne nelle scienze, spesso marginalizzate rispetto ai colleghi uomini.

Una consuetudine significativa riguarda proprio il rapporto tra Hermann e i grandi nomi della fisica del suo tempo. Nella Vienna degli anni Trenta, Hermann partecipò a discussioni con alcuni dei più celebri fisici e filosofi del periodo, come Niels Bohr e Max Born. Era una delle poche donne ad avere una voce autorevole in quei circoli intellettuali dominati da uomini.

A livello simbolico, il lavoro di Hermann rappresenta un ponte tra due mondi: quello della scienza e quello della filosofia. Lei dimostrò che anche le teorie più astratte della fisica richiedono una riflessione epistemologica per essere comprese pienamente. Per Hermann, la fisica non era solo una collezione di equazioni, ma una finestra sull'essenza del sapere umano.

L'eredità di Grete Hermann vive oggi grazie alle nuove generazioni di filosofi e fisici che attingono dal suo pensiero. Il suo lavoro ci ricorda che la scienza non è solo separazione e analisi, ma integrazione e profonda comprensione del mondo e del nostro posto in esso.

Discussioni di Grete con Niels Bohr e Heisenberg.

Nel 1934, in un momento in cui la meccanica quantistica era ancora una novità, Hermann si immerse negli scritti di Niels Bohr e Werner Heisenberg. Bohr, danese, era considerato il padre dell'interpretazione di Copenaghen, un tentativo di spiegare la casualità alla base dei fenomeni quantistici. Heisenberg era divenuto famoso per il principio di indeterminazione, secondo cui alcune proprietà di una particella, come la posizione e la velocità, non potevano essere misurate simultaneamente con precisione assoluta.

Hermann, con il suo spirito analitico, decise di confrontarsi direttamente con i protagonisti. È noto che Grete viaggiò a Copenhagen per parlare con Bohr, e, secondo alcune fonti dell'epoca, i due ebbero discussioni accese. Bohr, un uomo notoriamente carismatico ma enigmatico, sosteneva che il mondo quantistico era intrinsecamente indeterminato. Grete, invece, metteva in dubbio questa visione. Per Grete, ridurre tutto all'indeterminismo significava rinunciare a spiegare veramente la realtà fisica.

Nel suo lavoro, Hermann mise in discussione anche alcune implicazioni del principio di Heisenberg. In una famosa discussione con Heisenberg stesso, Hermann chiese cosa significasse dire che qualcosa non poteva essere conosciuto. Si trattava davvero di un limite della realtà o era solo un limite dell'osservatore? Heisenberg rispose spiegando che il principio non era solo epistemologico (cioè, legato alla conoscenza), ma descriveva una proprietà fondamentale della natura. Grete, però, non era del tutto convinta.

Nel 1935, Hermann pubblicò un articolo intitolato *"Die naturphilosophischen Grundlagen der Quantenmechanik"* (I fondamenti filosofici della meccanica quantistica). In questo lavoro, Hermann si oppose all'idea che la teoria quantistica fosse una descrizione ultima e definitiva della realtà. Per Grete, la teoria doveva essere intesa come una costruzione umana, utile ma non necessariamente completa. Questo punto di vista anticipò alcune discussioni che, decenni dopo, trovarono eco nei lavori di fisici come John Bell, famoso per il teorema di Bell e gli esperimenti sui fenomeni di non-località.

Un aneddoto particolare illustra la determinazione di Hermann. Durante uno dei suoi incontri con Bohr, si dice che lui, frustrato dalle sue domande insistenti, le abbia detto:

"Signora Hermann, lei è troppo logica".

Hermann replicò con calma:

"La logica è ciò che ci permette di non perdere la strada".

Nel corso della sua vita, Hermann continuò a interrogarsi sulla scienza e sulla sua relazione con la filosofia. Dopo l'ascesa del nazismo, fu costretta a lasciare la Germania e trovò rifugio in Francia e in Inghilterra. Tuttavia, il suo lavoro non ebbe mai il riconoscimento che avrebbe meritato, probabilmente a causa del sessismo che limitava molte donne nell'ambito accademico.

In anni recenti, l'eredità di Hermann è stata riscoperta. Le sue idee, considerate "scomode" all'epoca, hanno aperto nuove strade nel dialogo tra fisica e filosofia. Grete Hermann aveva dimostrato che la scienza non è solo misurazione, ma anche riflessione sul significato di ciò che osserviamo.

Oltre ai suoi contributi alla fisica e alla filosofia, Hermann rimase un importante punto di collegamento tra culture diverse. Viaggiando tra Germania, Danimarca e altri paesi europei, fu una delle poche persone a intrecciare il rigore scientifico con la tradizione filosofica continentale. Le sue conversazioni con Bohr e Heisenberg non rappresentano solo un confronto di idee, ma anche un simbolo della ricchezza culturale del periodo tra le due guerre mondiali.

Oggi, il nome di Grete Hermann merita un posto accanto a quelli di altri grandi pionieri. Non era solo una scienziata, ma una filosofa impegnata a chiarire le domande fondamentali che ancora ci poniamo: qual è la natura della realtà? E che ruolo gioca l'essere umano nella sua comprensione? Hermann non offrì risposte definitive, ma invitò tutti noi a pensarci profondamente.

V°. La contemporaneità.

"La scienza fiorisce quando si superano gli stereotipi, e ciò è evidente nello sviluppo della fisica quantistica." *(Frank Wilczek).*

Donne nella ricerca quantistica di oggi.

Le donne hanno lasciato un'impronta profonda nella ricerca quantistica moderna, continuando un'eredità iniziata più di un secolo fa. Oggi, mentre l'orizzonte della scienza si espande in settori come l'informatica quantistica, la crittografia e i materiali quantistici, numerose scienziate apportano contributi fondamentali che ridefiniscono il futuro della fisica e della tecnologia.

Michelle Simmons.

Uno dei nomi più noti in questo ambito è quello di Michelle Simmons, fisica australiana e pioniera nell'informatica quantistica. Simmons guida il progetto per lo sviluppo del primo computer quantistico su scala atomica presso l'Università del Nuovo Galles del Sud, in Australia. dove è direttrice del team *"UNSW Quantum Research"*. Il suo lavoro si basa sulla creazione di qubit (unità fondamentali dei computer quantistici) utilizzando singoli atomi di fosforo inseriti in silicio. Questi qubit promettono velocità di calcolo enormemente superiori rispetto ai computer tradizionali. Simmons, che ha ricevuto numerosi riconoscimenti internazionali, è anche conosciuta per il suo impegno nella formazione di giovani ricercatori, sostenendo la presenza femminile nelle discipline STEM (scienza, tecnologia, ingegneria e matematica).

Il progetto del computer quantistico su scala atomica.

I computer quantistici basati sui qubit atomici che Simmons sta sviluppando potrebbero superare di gran lunga le capacità dei computer tradizionali. Mentre quest'ultimi ragionano secondo la logica binaria (0 o 1), i qubit possono esistere simultaneamente in più stati (0, 1 o combinazioni di entrambi). Questo apre possibilità rivoluzionarie per simulazioni complesse, intelligenza artificiale, crittografia e molti altri settori.

Nel raccontare il suo lavoro, Michelle Simmons non nasconde le difficoltà affrontate per entrare in quello che viene ancora considerato un settore dominato dagli uomini. Un aneddoto famoso riguarda la decisione, presa dal suo team, di seguire una strada di ricerca ritenuta "impossibile" da molti colleghi. Al posto di usare materiali più comuni e tecnologie consolidate, Simmons ha scelto l'atomo come unità fondamentale di calcolo, sfidando i limiti dell'ingegneria e della fisica quantistica. Questo coraggio non solo definisce il suo approccio alla scienza, ma sottolinea anche il valore della diversità di pensiero nella ricerca scientifica.

"La scienza richiede creatività e determinazione. Più idee abbiamo, più possiamo affrontare le domande difficili senza paura di fallire ".

Così ha detto Simmons in un'intervista del 2018, anno in cui è stata nominata *"Australiana dell'anno"*.

Un faro per la nuova generazione.

Oltre alle straordinarie innovazioni tecnologiche, Michelle Simmons è nota per il suo impegno nella formazione di giovani scienziati. Il suo laboratorio, spesso descritto come "*una fucina di talenti*", forma ricercatori provenienti da ogni parte del mondo. Simmons dedica particolare attenzione alla promozione della presenza femminile nelle discipline STEM, spesso incoraggiando le ragazze a intraprendere carriere scientifiche attraverso conferenze, programmi educativi e mentori.

In una recente intervista, Simmons ha dichiarato:

"Non possiamo permetterci di perdere metà del nostro potenziale intellettuale, quello delle donne.
L'innovazione prospera quando ascoltiamo voci diverse."

Il lavoro di Michelle Simmons non è solo un esempio di eccellenza scientifica. È anche un segno dei tempi. La sua carriera riflette un cambiamento culturale più ampio, che vede le donne non solo partecipare, ma guidare settori complessi come la fisica quantistica.

In questo scenario, Simmons si distingue come figura ispiratrice per la sua capacità di combinare la precisione della scienza con una visione umanistica del progresso. I suoi contributi non sono racchiusi solo nella tecnologia che promette di creare, ma nell'impatto che questa avrà sul nostro modo di concepire l'informatica, la fisica fondamentale e persino la filosofia della conoscenza.

La ricerca di Simmons, con il suo obiettivo di costruire circuiti atomici per il calcolo quantistico, ricorda le intuizioni dei grandi pionieri della teoria quantistica come Schrödinger e Dirac. Ma a differenza del passato, il lavoro di oggi si basa su collaborazioni interdisciplinari e infraculturali. Simmons, con il suo laboratorio all'avanguardia, siede al crocevia tra scienza pionieristica e cambiamenti sociali.

Oggi, Michelle Simmons incarna la grande promessa del futuro quantistico. Il suo approccio visionario e il suo impegno verso una scienza più inclusiva la rendono una figura simbolo non solo per l'informatica quantistica, ma per l'intera comunità scientifica. La sua eredità, in continua costruzione, è destinata a ispirare generazioni di scienziati e scienziate, mentre nuove pagine della fisica moderna continuano a essere scritte anche grazie al contributo delle donne.

Debbie Leung

Un'altra figura di spicco è la fisica americana Debbie Leung, specialista in crittografia quantistica e comunicazione quantistica. Il suo contributo è stato fondamentale nella comprensione del ruolo dell'entanglement (intreccio quantistico) nella trasmissione sicura di informazioni. La crittografia quantistica, grazie all'entanglement, offre un livello di sicurezza senza precedenti, che potrebbe rivoluzionare il modo in cui proteggiamo i dati sensibili.

Debbie Leung è nata negli Stati Uniti, ma la sua carriera l'ha portata a lavorare in Canada, presso l'Università di Waterloo. Qui collabora con il prestigioso *"Perimeter Institute for Theoretical Physics"*, un centro dedicato all'avanguardia delle scoperte quantistiche. Leung, una delle maggiori esperte contemporanee di crittografia quantistica, si è distinta nello studio dell'entanglement, un fenomeno quantistico affascinante che Einstein definì ironicamente *"azione spettrale a distanza"*. Proprio il lavoro di Leung dimostra come questo stato di profonda interconnessione tra particelle possa diventare una risorsa unica per la sicurezza informatica del futuro.

La crittografia quantistica rappresenta una rivoluzione concettuale e pratica. A differenza dei metodi tradizionali, basati su algoritmi matematici complessi e quindi vulnerabili agli attacchi di computer avanzati, i sistemi sviluppati grazie alla ricerca di Leung sfruttano principi fisici inviolabili. Grazie all'entanglement, ad esempio, è possibile garantire che n intruso non possa leggere i dati senza essere immediatamente rilevato. Questo contesto ha implicazioni enormi, non solo per la sicurezza personale dei dati, ma anche per settori come la difesa, il commercio e la medicina.

L'approccio di Leung alla ricerca è sempre stato interdisciplinare. La fisica americana lavora al crocevia fra teorie astratte e applicazioni tecnologiche. Una delle sue scoperte più note riguarda il ruolo delle risorse quantistiche nel miglioramento della trasmissione sicura delle informazioni su lunghe distanze. Nel 2001 Leung pubblicò un articolo rivoluzionario sul *"quantum privacy amplification"*, in cui dimostrava come piccoli errori in una rete quantistica potessero essere corretti utilizzando proprietà fondamentali della meccanica quantistica. Questa scoperta ha gettato le basi per lo sviluppo delle attuali reti di telecomunicazioni quantistiche.

Nonostante la straordinarietà del suo contributo scientifico, Leung non è una figura molto nota al grande pubblico. Questo, purtroppo, è un elemento che accomuna molte donne nel mondo della fisica e altre scienze dure, dove le loro scoperte e il loro lavoro spesso ricevono meno risonanza mediatica rispetto ai colleghi maschi. Tuttavia, il suo nome è riconosciuto con grande rispetto nella comunità scientifica internazionale.

Un esempio di riconoscimento ufficiale è la sua partecipazione al gruppo di ricerca che, nel 2015, ha contribuito a sviluppare la prima rete quantistica intercontinentale sperimentale tra Canada ed Europa. La rete, basata sui princìpi degli studi di Leung, è considerata un passo cruciale verso l'internet del futuro, noto con il nome di *Quantum Internet*.

La voce di Debbie Leung, però, non si limita al lavoro tecnico. La fisica americana ha spesso sottolineato l'importanza di incoraggiare e sostenere le giovani donne che mostrano interesse per le scienze e per la tecnologia. In un'intervista del 2019, Leung dichiarò:

> *"La fisica quantistica non dovrebbe far paura: è una finestra aperta sulla struttura più intima dell'universo. Ma è anche un campo in cui l'apertura mentale e la collaborazione devono essere il motore del progresso, indipendentemente dal genere o dal background personale di chi vi partecipa."*

L'ambiente in cui opera Debbie Leung, il *"Perimeter Institute"*, è uno dei punti di riferimento mondiali per lo studio della fisica teorica. La presenza di scienziate di alto livello come lei è un segnale positivo per l'inclusività nella ricerca scientifica contemporanea. Tuttavia, la battaglia contro il cosiddetto *effetto Matilda* (la sistematica sottovalutazione dei contributi femminili) è ancora lontana dall'essere vinta.

Debbie Leung è una delle molte donne che, nel presente, continuano a lasciare un segno indelebile nella scienza moderna. La sua eredità non sta solo negli articoli pubblicati o nelle scoperte compiute, ma anche nelle porte che il suo esempio può aprire alle future generazioni di ricercatrici. Come dimostra il suo lavoro, la fisica quantistica non appartiene solo al regno dell'invisibile o dell'astratto. È un ponte verso il futuro, e il potere di costruirlo spetta davvero a tutti.

Hélène Perrin

Nel panorama della fisica moderna, il lavoro di Hélène Perrin spicca come un'influenza cruciale nello studio degli stati della materia. Hélène, eminente fisica francese e professoressa alla Sorbona di Parigi, è una delle principali ricercatrici nel campo della fisica della materia condensata. La sua attività si focalizza sulla creazione e manipolazione dei *"condensati di Bose-Einstein"*, uno degli stati quantistici più affascinanti della materia.

Ma che cos'è un condensato di Bose-Einstein? Si tratta di un fenomeno quantistico scoperto teoricamente negli anni '20 da Satyendra Nath Bose e Albert Einstein, ma osservato sperimentalmente solo decenni più tardi, nel 1995, grazie al lavoro pionieristico di Eric Cornell e Carl Wieman, un lavoro che valse per loro il Nobel. In un condensato di Bose-Einstein, gli atomi, raffreddati a temperature prossime allo zero assoluto (-273,15°C), si comportano come un'unica entità fisica: agiscono insieme, non più come particelle separate ma come un "super-atomo". Questo stato, in cui la fisica classica si dissolve completamente lasciando spazio al comportamento quantistico, apre la strada ad applicazioni incredibili.

Hélène Perrin ha costruito una carriera brillante su questi stati della materia, contribuendo a plasmare il futuro della ricerca quantistica. Nel suo laboratorio parigino, ha sviluppato tecniche per intrappolare e raffreddare atomi in condizioni estreme, lavorando su intricati esperimenti che si muovono al confine tra teoria e pratica. Tra i suoi progetti più innovativi c'è l'uso di condensati di Bose-Einstein nello sviluppo di sensori quantistici di altissima precisione.

Questi sensori potrebbero cambiare il modo in cui percepiamo e interagiamo con il mondo. Ad esempio, sono cruciali nel miglioramento delle tecnologie GPS. I sistemi oggi esistenti si basano su orologi atomici che misurano il tempo con grande precisione, ma i sensori quantistici sviluppati con i condensati potrebbero permettere una localizzazione ancora più accurata, con errori ridotti a pochi millimetri. Inoltre, i sensori quantistici trovano applicazione anche nella diagnostica medica, nei sistemi di *imaging* avanzato e persino nelle previsioni sui movimenti sismici.

Oltre ai risultati pratici, Perrin ha contribuito al progresso teorico nella comprensione della fisica quantistica, continuando a esplorare regioni della conoscenza poco conosciute. La sua dedizione richiama l'attenzione sul ruolo centrale delle donne nella fisica contemporanea. In un'intervista recente, Perrin ha dichiarato:

> *"Il fascino della fisica quantistica risiede nel suo*
> *mistero e nella sua capacità di sfidare il nostro istinto.*
> *Gli atomi non si comportano come ci aspetteremmo.*
> *Ogni esperimento ci ricorda che dobbiamo imparare a*
> *vedere il mondo in maniera diversa".*

Uno dei tratti distintivi del lavoro di Perrin è la sua capacità di tradurre la complessità in soluzioni applicabili. Mentre molti si limitano a teorizzare, lei porta la fisica quantistica nei laboratori e, potenzialmente, nella vita quotidiana. Questo approccio pratico riflette un'eredità collettiva di donne nella scienza, che non si sono limitate a sfidare le barriere culturali, ma hanno contribuito attivamente alla trasformazione del nostro mondo.

Collocare Perrin in una cornice storica significa riconoscere il progresso della fisica femminile nel corso del ventesimo e del ventunesimo secolo. Dalla pioniera Lise Meitner, che contribuì alla scoperta della fissione nucleare, fino agli studi di punta di figure come Vera Rubin e Grete Hermann, l'eredità femminile ha scardinato pregiudizi e dimostrato che la fisica non conosce confini di genere. Perrin non è un'eccezione: si inserisce in un movimento globale di scienziate che stanno ridefinendo la fisica.

Parigi, e in particolare la Sorbona, ha un peso simbolico in questa storia. La capitale francese fu il luogo di lavoro di Marie Curie, vincitrice di due premi Nobel, ancora oggi un punto di riferimento per le donne nella scienza. Hélène Perrin continua questa tradizione d'eccellenza francese con un approccio che abbraccia l'innovazione tecnologica e l'apertura intellettuale.

Per concludere, Hélène Perrin rappresenta la quintessenza del successo delle donne nella ricerca quantistica contemporanea. Le sue scoperte sui condensati di Bose-Einstein e le sue applicazioni aprono nuove prospettive non solo nei laboratori, ma anche nella società. Il suo lavoro ci ricorda che la fisica non è solo una scienza di formule e teorie, ma un ponte verso una comprensione più profonda del mondo che ci circonda. Le donne come Perrin stanno costruendo quel ponte, passo dopo passo, con una determinazione che oggi più che mai merita riconoscimento.

Urbasi Sinha

Un esempio straordinario di successo femminile in un campo emergente è quello della fisica indiana Urbasi Sinha. Sinha dirige il *"Quantum Information and Computing Lab"* presso il *"Raman Research Institute"* di Bangalore. Il suo lavoro si concentra sui test fondamentali per comprendere le basi della meccanica quantistica. Ha realizzato esperimenti innovativi sulla dualità onda-particella, esplorando uno dei principi centrali della teoria quantistica. Inoltre, è impegnata nello sviluppo di tecnologie quantistiche che trovano applicazione nella sicurezza informatica, con particolare attenzione al contesto socioeconomico indiano.

La scienza quantistica non è solo un'astrazione teorica. Sinha e il suo team hanno scelto di affrontare domande fondamentali della fisica con esperimenti all'avanguardia. Tra questi, spiccano i suoi studi sulla dualità onda-particella, uno dei principi più affascinanti e misteriosi che emergono dal cuore della meccanica quantistica. Durante i suoi esperimenti, Sinha ha utilizzato versioni avanzate del famoso esperimento della doppia fenditura (*double-slit experiment*). L'obiettivo non era solo confrontarsi con il comportamento strano e "paradossale" delle particelle, ma approfondire i limiti della conoscenza umana sul mondo subatomico.

La sua capacità di combinare gli strumenti della scienza moderna con intuizioni filosofiche profonde ha fatto guadagnare a Sinha rispetto a livello internazionale. I suoi esperimenti sono stati citati nei principali contesti accademici e sono anche un modello per coloro che cercano di comprendere come i concetti teorici possano essere tradotti in applicazioni pratiche.

Tuttavia, non è solo il lato teorico a rendere Urbasi Sinha una figura eccezionale. Uno dei suoi maggiori contributi è legato al campo emergente delle tecnologie quantistiche, in particolare alla sicurezza informatica. Con l'esplosione della necessità di proteggere dati sensibili, le tecnologie di crittografia quantistica promettono maggiore protezione, superando di gran lunga i limiti delle tecnologie attuali. Sinha ha dimostrato come un fenomeno noto come entanglement (*intreccio quantistico*) possa essere sfruttato per trasmettere informazioni in modo sicuro e virtualmente impenetrabile.

La sua ricerca assume un significato speciale in India, dove il rapido avanzamento tecnologico si intreccia con sfide sociali e culturali. Urbasi Sinha ha più volte sottolineato che le applicazioni della tecnologia quantistica nel suo Paese potrebbero migliorare settori essenziali come la finanza, la difesa e la medicina. Mentre gran parte delle tecnologie quantistiche si sviluppano principalmente in contesti occidentali, Sinha è un simbolo di come la scienza possa prosperare anche nei paesi emergenti, fornendo un esempio ispiratore per giovani ricercatrici che affrontano le difficoltà di lavorare in un contesto spesso dominato da figure maschili.

Nonostante il successo, Sinha rimane impegnata a combattere gli stereotipi. In un'intervista ha affermato:

"Anche oggi, una donna deve dimostrare il doppio delle capacità per essere considerata alla pari di un uomo. Ma voglio cambiare questa narrativa con il mio lavoro."

Parte delle sue ricerche più recenti include applicazioni quantistiche innovative per reti comunicative sicure e iniziative collaborative che collegano scienziati indiani a laboratori di fama internazionale. Ma Sinha non si ferma all'accademia. Interagendo regolarmente con studenti e sponsor industriali, la scienziata ha coltivato un nuovo fermento per il progresso scientifico in India.

La sua storia rappresenta una testimonianza di come la curiosità intellettuale e l'impegno possano portare a scoperte che non solo ampliano la nostra comprensione del mondo, ma aprono nuove possibilità per plasmare il futuro tecnologico. Urbasi Sinha è quindi un faro non solo per la scienza, ma anche per il cambiamento culturale, dimostrando che, nel microcosmo quantistico, il contributo delle donne può insegnarci molto sul cosmo macroscopico della società.

Donna Strickland (Premio Nobel per la Fisica 2018).

La fisica quantistica è, ancora oggi, un campo affascinante e in costante evoluzione. Oltre a dare risposte sulle leggi che governano il microcosmo, la disciplina si espande verso aree nuove, dalle applicazioni tecnologiche all'esplorazione della filosofia della realtà. Questo progresso deve molto anche al contributo crescente delle donne, che continuano a fornire spunti fondamentali per lo sviluppo di questa scienza. Tra le protagoniste del nostro tempo, alcune hanno segnato le tappe della fisica moderna con scoperte rivoluzionarie, altre stanno nascendo come giovani leader capaci di portare avanti tale eredità.

Donna Strickland, scienziata canadese, ha fatto la storia della fisica nel 2018, diventando la terza donna di sempre a ricevere il Premio Nobel per la Fisica. Prima di lei, solo Marie Curie (1903) e Maria Goeppert-Mayer (1963) avevano ottenuto lo stesso riconoscimento. Strickland ha meritato il prestigioso premio per il suo lavoro, insieme a

Gérard Mourou, sullo sviluppo della *"Chirped Pulse Amplification" (CPA)"*, una tecnica laser innovativa capace di generare impulsi ultrabrevi e potenti. Questa metodologia ha trovato applicazioni in vari campi, dalla fisica medica (laser per interventi chirurgici agli occhi, ad esempio) all'ingegneria avanzata.

Curiosamente, Strickland non era una scienziata che mirava alle luci della ribalta. Al momento dell'annuncio del Nobel, non aveva nemmeno una pagina Wikipedia, fatto che ha generato un'ondata di dibattiti sulla visibilità delle ricercatrici nel 21° secolo.

"Penso di essere l'esempio perfetto del fatto che uno scienziato può semplicemente fare il proprio lavoro senza curarsi troppo della fama,"

disse Strickland in una delle sue prime interviste dopo il premio. Nonostante la modestia, il suo lavoro ispira oggi giovani generazioni di scienziate.

Le applicazioni quantistiche della luce ad alta intensità.

La tecnica CPA permette di generare impulsi laser di intensità elevatissima, cambiando le regole del gioco in numerosi campi scientifici e tecnologici. Le sue scoperte non solo hanno trasformato l'ottica classica, ma hanno spalancato le porte a nuove frontiere nella fisica quantistica.

Nel 1985, Donna Strickland e il suo mentore, Gérard Mourou, pubblicarono uno studio pionieristico che descriveva il CPA. L'idea ruotava attorno a un'intuizione geniale: per superare il limite imposto dai laser tradizionali, si poteva "stirare" un impulso laser nel tempo, amplificarlo e poi comprimerlo di nuovo. Questo processo aumentava enormemente la potenza del laser senza distruggerlo o danneggiare i materiali che lo trasportano. Una tecnica così semplice nella sua eleganza non solo ha permesso di creare impulsi luminosi miliardi di volte più potenti della luce solare, ma ha anche avuto un impatto profondo sul comportamento quantistico della luce.

La possibilità di generare fasci laser così intensi ha aperto nuovi scenari per indagare gli aspetti più nascosti della fisica quantistica. I laser ad altissima intensità sono oggi usati per esplorare le interazioni luce-materia a livelli finora inaccessibili. La tecnica CPA ha permesso di osservare fenomeni quantistici come la creazione di coppie di particelle e antiparticelle direttamente da un campo luminoso estremamente intenso, uno degli effetti previsti dalla teoria quantistica dei campi.

L'applicazione quantistica: aprire nuovi orizzonti.

Tra i vari settori rivoluzionati dal lavoro di Strickland, l'ambito dell'ottica quantistica è forse quello che più ne ha tratto frutto. Attraverso i laser ultrapotenti, gli scienziati hanno sviluppato strumenti per manipolare atomi e molecole con una precisione senza precedenti. Questi progressi hanno trovato applicazioni nei computer quantistici, dove i fasci laser vengono utilizzati per controllare qubit basati su fotoni o su stati atomici. Grazie a questi laser, gli esperimenti sugli stati di superposizione e di entanglement hanno raggiunto nuovi livelli di complessità e robustezza.

Inoltre, i laser ad alta intensità hanno permesso di esplorare domini di energia così elevati da emulare le condizioni fisiche presenti nell'universo primordiale. Questi studi potrebbero contribuire alla ricerca di una possibile congiunzione tra la gravità quantistica e la fisica delle alte energie, due campi che rappresentano una delle sfide più affascinanti della scienza contemporanea.

Donna Strickland è una scienziata anticonvenzionale, non solo per i traguardi che ha raggiunto, ma anche per il modo in cui vive il suo ruolo nella comunità scientifica. Dopo aver ricevuto il Nobel, ha sottolineato più volte come il suo lavoro fosse parte integrante di una lunga tradizione scientifica. Durante il suo discorso all'Università di Waterloo, dove tuttora insegna, ha dichiarato:

> *"Ciò che conta sono le idee, non i titoli. Io e Mourou ci siamo divertiti a spingerci oltre i limiti per vedere cosa fosse possibile. È quello che fa la scienza".*

Queste parole riflettono la sua visione della ricerca come un atto collettivo e creativo, un'eredità che ispira le future generazioni di scienziati.

Strickland ha anche affrontato con ironia il fatto di essere stata la terza donna nella storia a vincere il Nobel per la Fisica, dopo Marie Curie e Maria Goeppert-Mayer. Quando i giornalisti sollevarono la questione della scarsa rappresentanza femminile, rispose con pragmatismo:

> *"La scienza non ha genere. È una questione di opportunità. Dobbiamo rendere la fisica accessibile a chiunque mostri passione e competenza."*

Tra cultura e tecnologia

Le implicazioni del CPA si riflettono non solo in ambito scientifico, ma anche nella cultura e nella tecnologia moderna. Pensiamo, per esempio, all'impatto che i laser ultrapotenti hanno avuto nella medicina, nella lavorazione dei materiali e nella creazione di strumenti di precisione.

Gli interventi di chirurgia oculare con laser a femtosecondi, oggi diffusi, sono figli diretti della scoperta di Strickland. Allo stesso modo, i progressi nella produzione di materiali nanostrutturati derivano dalla possibilità di utilizzare fasci laser ad alta intensità per incidere con precisione atomica.

.Questa connessione tra scienza e società rappresenta una delle eredità più importanti di donna Strickland. Il suo lavoro non è solo uno strumento per specialisti, ma un ponte verso nuove rivoluzioni tecnologiche che plasmeranno il futuro.

Le scoperte di Donna Strickland continuano a ispirare nuove domande. Quali altri segreti nasconde la luce? Come possiamo utilizzare impulsi sempre più potenti per studiare la struttura dell'universo? Ogni progresso basato sulla sua ricerca ci avvicina a risposte ancora più complesse e profonde.

La luce, nell'ottica di Strickland, diventa un linguaggio universale che parla al cuore della fisica moderna: il mistero dello spazio e della materia. E proprio attraverso questa "voce luminosa", l'eredità femminile nella fisica si rafforza, dimostrando che la scienza avanza grazie a chi osa immaginare l'impossibile.

Hanako Watanabe.

A Tokyo, Hanako Watanabe dirige uno dei più innovativi gruppi di ricerca presso l'Istituto RIKEN, un polo scientifico di eccellenza globale. La sua specializzazione nell'ottica quantistica la colloca tra le figure femminili di spicco nella fisica moderna. L'obiettivo del suo lavoro è sviluppare tecnologie che possano inaugurare una nuova era nella trasmissione di informazioni. Watanabe è particolarmente impegnata nello studio dei fotoni entangled, particelle che restano collegate anche a distanza, un fenomeno che Albert Einstein descrisse come "*azione spettrale a distanza*".

Il suo team, composto da giovani ricercatori di tutto il mondo, contribuisce a progetti che vanno dalla simulazione quantistica all'elaborazione di sistemi avanzati per il calcolo quantistico. Un momento cruciale per la carriera della scienziata è stato il 2020, anno in cui ha pubblicato uno studio pionieristico sulla manipolazione dei qubit fotonici, suscitando interesse in ambiti che spaziano dalla crittografia alla fisica delle telecomunicazioni .

Watanabe è una figura che fonde tradizione e innovazione. Ha più volte citato come ispirazione il leggendario fisico Hideki Yukawa, primo premio Nobel per la fisica del Giappone, sottolineando l'importanza di far dialogare le grandi eredità scientifiche del passato con le sfide tecnologiche attuali. L'Istituto RIKEN stesso rappresenta un luogo emblematico per questa visione: fondato nel 1917, è oggi un centro all'avanguardia per le scienze fisiche e biologiche.

Un'altra fonte di ispirazione per la fisica giapponese è stata Margherita Hack, che Watanabe ammirava per la sua capacità di diffondere la scienza oltre i confini accademici e culturali. Nel 2023, ad esempio, Watanabe ha tenuto una conferenza a Kyoto su "*L'etica della tecnologia quantistica*". In quell'occasione ha detto:

"*La scienza deve servire il bene comune, non solo il progresso tecnico*".

Il suo lavoro non si limita ai laboratori: Watanabe è impegnata nella promozione della partecipazione femminile nelle discipline STEM, collaborando con reti internazionali per sostenere giovani studiose.

L'insegnamento di Hanako Watanabe risiede nella sua capacità di combinare l'innovazione quantistica con una visione etica della scienza, evidenziando come le menti femminili continuino a plasmare la fisica moderna. A Tokyo, il suo lavoro anticipa un futuro in cui i confini tra scienza e società si fanno sempre più sfumati e collaborativi, in nome di un progresso condiviso.

Valorizzare il lavoro delle donne in fisica.

Un aspetto interessante del panorama attuale è il crescente impegno per valorizzare e raccontare il lavoro delle donne in fisica. Tara Shears, fisica britannica ed esperta di fisica delle particelle presso il CERN, sottolinea spesso l'importanza della diversità nel progresso scientifico. Secondo Shears, la pluralità di prospettive migliora l'approccio ai problemi e favorisce l'innovazione. Nonostante i progressi, le disparità di genere e il bisogno di maggiore rappresentanza femminile sono ancora temi centrali nel dibattito accademico.

Le nuove generazioni trovano spesso ispirazione nelle storie delle grandi scienziate del passato, come Lise Meitner e Grete Hermann. Le attuali ricercatrici, però, stanno ampliando questa eredità affrontando sfide inedite. La scienza moderna, più interdisciplinare che mai, richiede competenze che collegano fisica, informatica, ingegneria e filosofia. Donne come Michelle Simmons e Urbasi Sinha dimostrano come una leadership forte e innovativa possa ridefinire interi settori.

Il futuro della fisica quantistica, che punta a rivoluzionare medicina, tecnologia e criptografia, avrà inevitabilmente il contributo di donne straordinarie. Queste donne di scienza non solo portano avanti la tradizione delle loro predecessore, ma creano nuovi modelli di riferimento per coloro che verranno dopo. In questo processo, la fisica quantistica non è solo una frontiera scientifica: è anche una testimonianza del potere trasformativo di un sapere condiviso, guidato da menti brillanti, indipendentemente dal genere.

Collaborazioni internazionali e future

Le donne che guidano la rivoluzione quantistica sono spesso parte di collaborazioni internazionali che riflettono un mondo scientifico sempre più integrato. Giovani ricercatrici lavorano a stretto contatto con colleghi e colleghe di diverse nazionalità per risolvere problemi un tempo ritenuti insolubili.

Questo movimento rappresenta anche un cambiamento culturale. Molti istituti, come il *Perimeter Institute* in Canada o il CERN di Ginevra, stanno implementando programmi mirati per aumentare la partecipazione femminile nelle scienze. L'importanza del mentoring non va sottovalutata: scienziate affermate come Donna Strickland o Jocelyn Bell Burnell (nota astrofisica e figura storica della scoperta delle pulsar) stanno fungendo da guide, aiutando le giovani a superare sfide come il pregiudizio di genere o le difficoltà di conciliazione tra carriera e vita personale.

La crescente presenza femminile nella fisica quantistica non è soltanto un fenomeno numerico. Essa sta trasformando il modo in cui la scienza opera e come interagisce con la società. Le scienziate stanno portando sul tavolo domande nuove, affrontando problemi con prospettive innovative e, soprattutto, dimostrando che la ricerca non conosce confini di genere.

Ciò che appare evidente è che l'eredità di figure storiche come Lise Meitner, Maria Goeppert-Mayer e Vera Rubin sta continuando a vivere nell'incessante impegno di donne come Donna Strickland, Jessica Pointing e Mihaela Žnidarič. Il messaggio è chiaro: il progresso scientifico appartiene a tutti e si nutre della diversità. Nell'universo quantistico, più che mai, ogni elemento, per quanto piccolo, conta.

VI°. Filosofia quantistica e impatto sociale.

"La scienza non conosce barriere di genere: chiunque contribuisca lo fa oltre i limiti del pregiudizio." (Richard Feynman).

La teoria quantistica ha cambiato radicalmente il nostro modo di vedere il mondo, non solo dal punto di vista scientifico, ma anche filosofico e sociale. In questo contesto, il contributo delle donne a tale rivoluzione non può essere sottovalutato. Le loro scoperte hanno aperto nuove riflessioni su concetti come il tempo, la causalità e la consapevolezza collettiva, andando oltre la pura scienza per influenzare arte, cultura e filosofia.

Il ruolo della filosofia quantistica e il contributo delle donne.

La teoria quantistica non è solo una conquista scientifica. È anche un trionfo concettuale, che ha rimesso in discussione il nostro rapporto con il mondo naturale. Le donne hanno giocato un ruolo cruciale nel delineare le implicazioni filosofiche di questa rivoluzione, non solo come matematiche o fisiche, ma anche come intellettuali capaci di comprendere e strutturare il significato della meccanica quantistica. Oltre ai nomi celebri di Lise Meitner, Emmy Noether e Mileva Marić, esistono figure meno conosciute, ma altrettanto fondamentali. Alcune di loro hanno gettato le basi per una lettura filosofica del mondo quantistico.

Una figura chiave è stata Grete Hermann. Tedesca, nata nel 1901 a Brema, Grete è una delle prime pensatrici a interrogarsi sulle conseguenze epistemologiche della meccanica quantistica. Negli anni '30, mentre Werner Heisenberg e Niels Bohr delineavano i principi dell'indeterminazione e della complementarità, Hermann sfidava la nozione stessa di casualità, che appariva come inevitabile nella teoria.

Grete Hermann era allieva del filosofo e matematico Leonard Nelson, un esponente del neokantismo, che credeva nella possibilità di conciliare la scienza moderna con i principi filosofici. Questa formazione spinse Hermann a cercare coerenza tra fisica e ragionamento critico. Nel 1934, scrisse un saggio dal titolo *"Die naturphilosophischen Grundlagen der Quantenmechanik"* (Le fondamenta filosofiche della meccanica quantistica). Qui argomentava che le leggi deterministiche della fisica classica non erano negate dalla teoria quantistica, ma piuttosto reinterpretate: la probabilità non era una rinuncia alla realtà, ma una nuova chiave per descriverla.

Hermann è famosa anche per la sua critica raffinata al teorema di John von Neumann, che pretendeva di dimostrare l'impossibilità delle variabili nascoste nella meccanica quantistica. Hermann individuò una falla nell'argomento di von Neumann, dimostrando che le sue conclusioni non erano definitive. Questo contributo passò quasi inosservato per decenni, ma oggi è considerato cruciale per i dibattiti moderni sulla natura della realtà quantistica.

Olga Taussky-Todd e l'armonizzazione tra matematica e fisica.

Una seconda protagonista, meno legata al dibattito strettamente filosofico ma fondamentale per l'elaborazione delle strutture matematiche che lo rendono possibile, è Olga Taussky-Todd. Nata nel 1906 a Olomouc, nella Repubblica Ceca (all'epoca parte dell'Impero Austro-Ungarico), Olga fu una delle menti matematiche più brillanti della metà del Novecento. Con il suo lavoro sulle matrici, contribuì indirettamente a formalizzare le equazioni della meccanica quantistica.

È noto che Erwin Schrödinger, nell'elaborare la sua famosa equazione d'onda, si ispirò ad approcci matematici che altri scienziati, inclusa Taussky-Todd, esplorarono o contribuirono a sviluppare. Sebbene Taussky-Todd sia ricordata più spesso per i suoi contributi all'algebra, il suo lavoro è stato indispensabile per tradurre concetti fisici complessi in linguaggio matematico rigoroso.

Olga Taussky-Todd è anche un simbolo della resilienza intellettuale nella tormentata Europa della prima metà del XX secolo. Come ebrea in fuga dal nazismo, si trasferì prima in Inghilterra e poi negli Stati Uniti, dove continuò la sua ricerca. Col suo instancabile lavoro, Olga mostra l'importanza delle reti di conoscenze internazionali che hanno reso possibile lo sviluppo della fisica quantistica.

La prospettiva culturale: Jeanne Peiffer e la storia delle intuizioni.

Un altro contributo significativo, di natura più teorica e culturale, è quello di Jeanne Peiffer. Sebbene non sia una fisica "pura", Peiffer è un'autrice e storica della scienza che, partendo dai concetti quantistici, ha posto domande fondamentali sul ruolo del pensiero femminile nella scienza del XX secolo. Attraverso un'analisi di testi e biografie, Peiffer svela come l'esclusione delle donne da molte istituzioni accademiche abbia ritardato il riconoscimento dei loro contributi.

Una riflessione stimolante di Peiffer riguarda l'importanza del "pensiero divergente" nella teoria quantistica. La sua ricerca mostra come le donne scienziate, spesso marginalizzate nei loro campi, abbiano sviluppato prospettive non convenzionali che si adattavano perfettamente alla natura controintuitiva della fisica quantistica. Questa capacità di sfidare lo status quo intellettuale è parte della ragione per cui il contributo delle donne in questo campo è stato tanto impattante quanto originale.

Il ruolo delle donne nella elaborazione della filosofia quantistica è ancora largamente ignorato. Tuttavia, figure come Grete Hermann, Olga Taussky-Todd e pensatrici come Jeanne Peiffer dimostrano che il pensiero femminile ha offerto una lente unica per leggere e interpretare una delle teorie più complesse e affascinanti della fisica moderna.

Le donne non si sono limitate a seguire, ma hanno spesso precorso. Hanno sviluppato approcci originali, hanno incrociato filosofia e fisica, e hanno persino indicato errori nelle teorie "definitive" degli uomini di scienza. Questa eredità non è solo un tributo al passato, ma un invito a considerare quanto la diversità di pensiero sia essenziale per ogni progresso umano. La storia quantistica, in fondo, è una storia senza confini: né culturali, né di genere.

Questi contributi femminili non si limitano agli ambiti accademici. Nel XX e XXI secolo, filosofe, scrittrici e artiste si sono ispirate a queste scoperte, portando la teoria quantistica a influenzare movimenti artistici e sociali. Per esempio, il concetto di non-località è stato ripreso nelle opere di science fiction, mentre l'entanglement ha trovato un parallelo nella letteratura postmoderna, che esplora le interconnessioni delle storie umane.

Un esempio emblematico si trova nel romanzo *"Latitudine zero"* della scrittrice giapponese Aya Kaneko (pubblicato nel 2023), chiaramente influenzato dalle implicazioni filosofiche della non-località, sviluppata anche in parte dalle teorie di Watanabe .

Il dibattito sociale ed etico sulla tecnologia e sull'accessibilità, sollecitato dalla crescente influenza del calcolo quantistico, rimane un terreno fertile per il futuro. Le donne che continuano a contribuire a questi progressi scientifici dimostrano come la teoria quantistica non sia solo un settore della fisica, ma un'interconnessione globale di idee che sfida continuamente le nostre mentalità e le strutture sociali.

Il talento femminile di Jessica Pointing.

Jessica Pointing si distingue come una delle giovani protagoniste della fisica moderna, incarnando un perfetto esempio di talento femminile che sta ridefinendo la teoria quantistica nella contemporaneità. Nata con una passione innata per la scienza, Pointing ha costruito un percorso accademico d'élite studiando presso Harvard e il Massachusetts Institute of Technology (MIT), due tra le istituzioni più prestigiose e all'avanguardia nel panorama della ricerca scientifica .

Il suo campo di specializzazione si colloca all'intersezione tra la fisica teorica e la computazione quantistica, un settore che promette di rivoluzionare il mondo tecnologico. Pointing lavora alla progettazione di algoritmi quantistici e al miglioramento delle tecnologie basate sui qubit, quei minuscoli ma fondamentali componenti che consentono ai computer quantistici di compiere operazioni inimmaginabili per i computer tradizionali .

Ma Jessica Pointing non è soltanto una scienziata di talento. È anche una donna impegnata nel promuovere l'accessibilità delle STEM (Scienze, Tecnologia, Ingegneria e Matematica) alle ragazze, abbattendo barriere sociali e culturali che troppo spesso dissuadono le giovani dall'intraprendere questo genere di carriere. Partecipando a conferenze e tenendo interventi motivazionali, Pointing ispira una nuova generazione di aspiranti ricercatrici e ribadisce l'importanza dell'inclusione nel campo scientifico .

In questo contesto, la figura di Pointing richiama l'eredità lasciata da donne come Marie Curie o Emmy Noether, pioniere che hanno sfidato le convenzioni sociali per dedicarsi alla scienza e che oggi rappresentano modelli per le giovani generazioni. Allo stesso modo, Jessica Pointing contribuisce non solo al progresso scientifico, ma anche a una ridefinizione del ruolo femminile nella fisica moderna. Con la sua doppia influenza – innovatrice tecnologica e mentore ispiratrice – Jessica Pointing incarna il futuro della scienza quantistica, un percorso reso possibile dall'impegno delle donne che hanno saputo sfidare i confini del possibile .

Il contributo filosofico di Jessica Point.

Jessica Pointing rappresenta un esempio del connubio tra scienza e filosofia. Oltre ai suoi studi pionieristici, Jessica ha intrecciato le proprie riflessioni scientifiche con temi esistenziali, utilizzando il principio del dualismo onda-particella come metafora della complessa identità umana. Nella fisica quantistica, le particelle subatomiche sembrano esistere contemporaneamente in stati duali:

come onde, che esprimono possibilità infinite, e come particelle, che rappresentano realtà definite. Pointing ha paragonato questa dualità alla natura umana, suggerendo che ogni individuo racchiude aspetti multipli e apparentemente opposti.

In una conferenza del 2019 presso il Massachusetts Institute of Technology (MIT), Pointing ha evidenziato come il dualismo onda-particella possa spingerci a riflettere sulla fluidità dell'identità umana. Ha dichiarato:

"Nel microcosmo delle particelle si nasconde un messaggio fondamentale per noi: possiamo essere molteplici versioni di noi stessi, senza perdere la nostra essenza".

Questa prospettiva ha ispirato non solo fisici, ma anche filosofi e scrittori. Ad esempio, nel 2021, un simposio presso l'Università di Cambridge ha esplorato le implicazioni del lavoro di Pointing, con relazioni in cui si discuteva il concetto di identità come costrutto malleabile. Inoltre, questa visione ha aperto nuove porte nella letteratura contemporanea: l'autrice giapponese Hanako Watanabe, anche lei attiva in ambito scientifico, ha richiamato il parallelismo in un suo romanzo che unisce misteri quantistici e dilemmi esistenziali umani.

Il lavoro di Pointing dimostra come la scienza possa ampliare i confini del pensiero filosofico e sociale. Attraverso il linguaggio delle particelle, lei ci invita a scoprire nuove dimensioni della natura umana, ricordandoci che esiste una bellezza intrinseca nell'essere contraddittori e complessi.

Mihaela Žnidarič.

Negli ultimi anni, il panorama della fisica quantistica contemporanea ha visto emergere figure femminili di grande rilievo, capaci di ridefinire confini e applicazioni del sapere. Una voce distintiva in questo contesto è quella di Mihaela Žnidarič, fisica slovena il cui lavoro si concentra su uno degli aspetti più misteriosi e complessi della meccanica quantistica: l'entropia e i fenomeni di non-equilibrio. Attiva presso l'Università di Lubiana, Žnidarič sta gettando nuova luce su problemi che si collocano all'intersezione tra la fisica quantistica e la termodinamica, due campi tradizionalmente difficili da conciliare.

L'entropia, una misura del disordine presente in un sistema, si trova al centro delle sue simulazioni quantistiche. I contributi di Žnidarič mirano a comprendere come le leggi quantistiche, notoriamente controintuitive, possano spiegare sistemi estremamente complessi. Le sue ricerche hanno un'ampiezza di applicazione sorprendente: dal comportamento dei materiali in condizioni estreme, come ad esempio quelli conduttori utilizzati nei supercomputer, fino ai processi fisici che avvengono su scala cosmica. Questo lavoro esplorativo è cruciale non solo per lo sviluppo di nuove tecnologie, ma anche per il nostro sforzo di interpretare i meccanismi che regolano l'universo stesso.

L'Università di Lubiana, dove Žnidarič conduce la sua attività, rappresenta uno dei centri più dinamici della comunità scientifica europea. Sebbene meno noto rispetto ai grandi poli anglosassoni, questo ateneo sta guadagnando sempre più attenzione nel campo della fisica teorica grazie a scienziati come Žnidarič. Il suo contributo, pur ancorato alla teoria, ha implicazioni pratiche di vasta portata. Le simulazioni che realizza potrebbero, infatti, essere la base per lo sviluppo di nuovi materiali, ma anche per capire meglio i limiti della computazione quantistica e il comportamento di fenomeni lontani dall'equilibrio.

Mihaela Žnidarič è anche un esempio illuminante di come le donne stiano conquistando un ruolo più centrale nelle scienze "dure". In un ambiente storicamente dominato da figure maschili, il suo lavoro dimostra quanto siano fondamentali prospettive nuove e diversi approcci intellettuali. Questa pluralità di visioni non rappresenta solo un'opportunità per correggere antiche disuguaglianze, ma diventa anche un motore di innovazione per discipline nelle quali, come in fisica, i traguardi si raggiungono spesso seguendo percorsi inaspettati.

L'attività di Žnidarič richiama le sfide affrontate da altre figure femminili della fisica moderna. In un contesto che tendeva a sottovalutare il ruolo delle donne, scienziate come Lise Meitner o Maria Goeppert Mayer hanno aperto la strada per una maggiore rappresentanza femminile nelle scienze teoriche. Oggi, Žnidarič ne raccoglie l'eredità, dimostrando che la curiosità scientifica non conosce confini di genere o posizione geografica. Come ha affermato la stessa Mihaela in un'intervista:

"Le leggi della fisica non cambiano: ciò che cambia è la profondità con cui guardiamo alle domande fondamentali".

La sua riflessione esprime il cuore della sua ricerca. Approfondire la comprensione del non-equilibrio e dell'entropia permette di esplorare "regimi di frontiera", zone in cui le normative classiche cedono il passo al comportamento controintuitivo dei sistemi quantistici.

Se il progresso scientifico può essere paragonato a un viaggio verso l'ignoto, allora Mihaela Žnidarič è una delle navigatrici più promettenti di questa età quantistica. Le sue ricerche non solo aprono nuove finestre di conoscenza, ma dimostrano ancora una volta che l'ingegno femminile sta plasmando il futuro della fisica moderna, spingendo lo sguardo oltre l'orizzonte delle possibilità conosciute.

Il contributo filosofico di Mihaela Žnidarič

Nel contesto delle ricerche di Mihaela Žnidarič, emergono interrogativi su come l'entanglement quantistico possa essere interpretato come modello di interconnessione universale. L'idea che il comportamento di una particella possa essere legato a un'altra indipendentemente dalla distanza ha trovato eco nella filosofia orientale, in particolare nel concetto di coesistenza interdipendente del buddismo. Questo spunto ha avuto impatti anche sulla cultura contemporanea, influenzando opere letterarie e cinematografiche che esplorano il tema della interconnessione .

Il contributo di Mihaela Žnidarič alla filosofia quantistica è un esempio affascinante di come la scienza possa intrecciarsi con il pensiero filosofico e sociale. Le sue ricerche sull'entanglement quantistico aprono interrogativi che vanno oltre la fisica, toccando il concetto di interconnessione universale. L'entanglement, che lega il comportamento di due particelle indipendentemente dalla loro distanza, richiama il principio buddista della "coesistenza interdipendente", che sottolinea come nulla esista in isolamento ma tutto sia interconnesso.

L'idea che le particelle possano comunicare istantaneamente, sfidando i limiti dello spazio e del tempo, ha ispirato numerosi paralleli con la filosofia orientale. In particolare, il buddismo tibetano vede il mondo come una rete di relazioni che si influenzano reciprocamente. Questo principio, noto come *"pratītyasamutpāda"* o "origine dipendente," sembra quasi riecheggiare i fenomeni descritti da Žnidarič nelle sue indagini scientifiche. Nelle sue conferenze, Žnidarič ha menzionato come il concetto di entanglement sia stato anche interpretato da alcuni studiosi come una metafora per comprendere la natura intrinsecamente legata dell'universo umano e fisico .

Questo legame tra scienza e filosofia non rimane confinato agli accademici ma ha influenzato profondamente la cultura contemporanea. Nella cinematografia, film come *"Cloud Atlas"* di Lana e Lilly Wachowski esplorano il tema dell'interconnessione umana su diverse linee temporali, evocando un senso di rete universale che risuona con l'entanglement. Anche opere letterarie come *"La struttura della realtà"* di David Deutsch approfondiscono il rapporto tra fisica quantistica e significato filosofico, influenzando il modo in cui interpretiamo il nostro posto nel mondo .

Mihaela Žnidarič è spesso vista come un modello di come le donne possano contribuire in maniera decisiva ai dibattiti più sofisticati della fisica teorica. Le sue ricerche, pur tecniche, si collocano al crocevia di discipline diverse, mostrando come la scienza non sia solo una questione di formule, ma anche uno strumento per comprendere temi fondamentali che ci riguardano a livello universale.

Un esempio pratico del lavoro di Žnidarič è stato applicato anche in studi interdisciplinari sulla sincronizzazione di sistemi complessi, utilizzati nell'intelligenza artificiale e nelle reti neurali. Questi concetti portano avanti l'idea che non siamo entità isolate, sia nel mondo delle particelle sia nella società: ogni azione può influenzare altre in modi non sempre visibili, ma profondamente significativi .

In definitiva, le ricerche di Mihaela Žnidarič non solo contribuiscono a una comprensione scientifica più profonda, ma si intersecano con concetti culturali e filosofici che continuano a ispirare generazioni. Le sue intuizioni rappresentano un ponte tra la fisica dell'infinitamente piccolo e i grandi interrogativi dell'umanità, unendo mondi apparentemente distanti con la potenza dell'interconnessione.

Clara Söller.

Il contributo delle donne alla teoria quantistica continua a lasciare un'impronta profonda anche nella fisica contemporanea. Tra le figure di spicco, Clara Söller rappresenta un esempio straordinario di come i confini tra discipline tradizionalmente separate possano sfumare, aprendo nuovi orizzonti di conoscenza. Clara Söller è una ricercatrice tedesca che lavora presso l'Università di Cambridge. Il suo campo di studio è ancora poco esplorato e affascinante: la connessione tra teoria quantistica e biologia molecolare.

Clara, con il rigore tipico delle tradizioni accademiche europee, ha scelto un sentiero non convenzionale. Non si è limitata all'applicazione della fisica a sistemi macroscopici o a tematiche più tradizionali della meccanica quantistica. Invece, si è spinta a interrogarsi su come i principi quantistici possano influenzare i misteri della vita a livello cellulare.

Un'area centrale del suo lavoro riguarda il fenomeno del tunneling quantistico applicato ai processi di trasferimento di protoni nel DNA. Söller ipotizza che tali effetti possano influire sulla stabilità del codice genetico, in particolare durante la replicazione cellulare. Questa intuizione apre scenari interessanti non solo per la biologia, ma anche per la medicina. Se le sue teorie trovassero piena conferma, si potrebbe spiegare non solo l'incidenza di mutazioni genetiche, ma anche il ruolo fondamentale della fisica quantistica nella conservazione e modulazione della vita.

La sua ricerca, avviata intorno al 2015, ha riscosso grande interesse nella comunità scientifica, soprattutto in Europa e Asia. Cambridge, con la sua lunga storia di eccellenza scientifica, ha fornito un ambiente ideale per i suoi studi interdisciplinari. Le collaborazioni di Söller non si limitano alla fisica o alla biologia molecolare. Lavorando fianco a fianco con chimiche e bioinformatiche, Söller dimostra come l'approccio inclusivo e collaborativo possa generare risultati rivoluzionari. In una recente intervista, Clara Söller ha dichiarato:

"La fisica quantistica ci invita a ripensare il mondo in modi inaspettati.". Clara aggiunge: *"Ho sempre creduto che la complessità della vita non potesse essere spiegata solo con leggi classiche. Dove c'è incertezza, c'è spazio per nuove scoperte."*

Queste parole mostrano non solo una profonda riflessione scientifica, ma anche una grande sensibilità umana nei confronti del mistero della vita..

Clara Söller riconosce il grande debito intellettuale nei confronti delle scienziate che l'hanno preceduta. Più volte ha citato il lavoro di Lise Meitner, che contribuì alla teoria della fissione nucleare, come fonte d'ispirazione. Tuttavia, Söller si distacca da approcci puramente fisici per abbracciare una visione più olistica della scienza, che unisce modelli matematici a questioni biologiche complesse. In questo, il suo lavoro risuona con quello di figure moderne come Jessica Pointing o Mihaela Žnidarič, che pure esplorano territori innovativi della fisica contemporanea.

Il lavoro di Clara Söller si inserisce in un contesto culturale in cui il dialogo tra scienze fisiche e scienze della vita acquista sempre più rilevanza. Tematiche come il rapporto tra il mondo quantistico e i processi biologici suscitano dibattiti non solo nella comunità scientifica, ma anche tra filosofi e pensatori di diverse discipline. Cambridge, con le sue biblioteche storiche e i suoi ambienti di studio immersi nella tradizione accademica, rappresenta un luogo simbolico per questo tipo di ricerca.

Guardando al futuro, Söller spera di sviluppare ancora di più gli strumenti matematici per descrivere i meccanismi quantistici nelle cellule viventi. Ciò richiederà non solo competenze teoriche, ma anche tecnologie avanzate di simulazione e osservazione. Grazie al suo lavoro, il confine tra fisica e biologia potrebbe diventare sempre più sottile, aprendo nuove prospettive per comprendere l'essenza stessa della vita.

Il contributo filosofico di Clara Söller.

Clara Söller ha esplorato l'impatto sociale della computazione quantistica decentrata, avanzando l'idea di un futuro in cui la democrazia tecnologica potrebbe essere supportata da sistemi quantistici capaci di calcoli distribuiti. Questa visione non riguarda solo la tecnologia, ma implica anche un cambiamento nei nostri sistemi sociali, richiedendo nuove strutture collaborative e una maggiore responsabilità collettiva .

Clara Söller ha proposto una visione innovativa per il futuro della computazione quantistica decentrata, offrendo spunti profondi sui suoi risvolti sociali. Il suo lavoro rappresenta un ponte tra la complessità teorica della fisica quantistica e le implicazioni pratiche per le società moderne. Söller ha avanzato l'idea rivoluzionaria che sistemi di calcolo quantistici distribuiti possano alimentare una nuova forma di democrazia tecnologica, dove il potere decisionale e l'accesso alle risorse tecnologiche non siano concentrati nelle mani di pochi, ma diventino accessibili a livello globale.

Per comprendere l'impatto della sua visione, bisogna partire dal concetto di computazione quantistica decentrata. Questa tecnologia permette di distribuire la capacità di calcolo su nodi quantistici collegati tra loro, superando i limiti dei sistemi centralizzati. Söller ha evidenziato come questa architettura non solo renda il calcolo più efficiente, ma apre le porte a una rete tecnologica sostenuta da collaborazione e partecipazione collettiva. In uno dei suoi articoli chiave pubblicati nel 2023, Söller ha sottolineato che:

> *"la tecnologia non è mai soltanto uno strumento—è il riflesso delle strutture sociali dietro di essa.*
> *Decentralizzare significa democratizzare"* .

L'idea di Söller si colloca perfettamente in un panorama globale dove la concentrazione di potere tecnologico e computazionale è una delle maggiori preoccupazioni etiche. Aziende come Google e IBM stanno dominando l'innovazione quantistica e, se non regolamentata, questa egemonia rischia di creare disuguaglianze ancora più marcate. Al contrario, un modello decentrato potrebbe garantire l'accesso a potenze computazionali enormi per Paesi emergenti o comunità scientifiche minori, rendendo tecnologie avanzate disponibili a chi altrimenti non avrebbe voce in capitolo.

Il contributo di Söller non si ferma alla pura teoria. Le sue ricerche includono studi interdisciplinari che intrecciano la fisica quantistica con la biologia molecolare, suggerendo che l'adozione di strutture collaborative, ispirate ai sistemi cellulari, potrebbe rendere più resilienti le reti computazionali quantistiche. Questo tipo di approccio non solo rafforza l'efficacia tecnologica, ma sostiene anche un ethos sociale basato sull'interdipendenza e la responsabilità collettiva.

Una delle principali ispirazioni filosofiche di Söller è il lavoro della fisica quantistica Elisabeth Rauscher, che negli anni '70 aveva esplorato il concetto di "*connessioni non locali*" nella fisica. Söller riprende questa visione, suggerendo che non località e cooperazione quantistica possano diventare la base per un cambiamento sociale allineato ai principi della giustizia e della trasparenza.

Un esempio concreto citato da Söller è l'implementazione di una rete quantistica distribuita in Norvegia nel 2024, dove un consorzio di università e istituzioni tecnologiche ha dimostrato come le decisioni collettive possano essere facilitate da tali sistemi. Questa esperienza ha confermato che i sistemi decentrati possono ridurre i rischi di cyber-attacchi, aumentando al contempo la fiducia pubblica nella tecnologia avanzata .

Infine, Söller richiama l'attenzione su una sfida fondamentale: lo sviluppo di nuove strutture etiche e normative. Concludendo una conferenza del 2023, ha affermato:

> *"Non basta innovare. Dobbiamo costruire una società che collettivamente sappia prendersi cura delle tecnologie che crea".*

Il lavoro di Clara Söller offre uno sguardo profondo sull'orizzonte di un futuro non solo tecnologico, ma profondamente umano, dove scienza e democrazia tecnologica possono evolversi insieme.

Il ruolo delle intuizioni femminili in una visione del mondo più complessa e interconnessa.

Il contributo delle donne nella teoria quantistica non è solo scientifico, ma profondamente filosofico. Le intuizioni femminili hanno aiutato a costruire una visione del mondo più complessa e interconnessa, ridefinendo concetti di realtà, interazione e uguaglianza attraverso connessioni inaspettate.

Jessica Pointing, giovane fisica americana, ha utilizzato il dualismo onda-particella come metafora per l'identità umana. Questo principio quantistico ispira l'idea che ogni individuo racchiuda aspetti apparentemente contrari, ma ugualmente validi. La sua interpretazione ha influenzato anche applicazioni sociali, portando a nuovi modelli di accettazione della diversità e fluidità identitaria .

Mihaela Žnidarič ha approfondito il fenomeno dell'entanglement quantistico, mettendolo in relazione con il concetto buddista di interdipendenza. Secondo questa visione, niente esiste isolatamente: uomini, natura e universi sono interconnessi e co-dipendenti. Žnidarič, di origine slovena, ha proposto che questa idea offra un ponte per ripensare l'etica collettiva, favorendo una responsabilità globale verso il pianeta e le sue risorse .

Clara Söller, attiva in Germania, ha puntato sull'informatica quantistica decentralizzata, aprendo una discussione sui principi di democrazia tecnologica. La decentralizzazione, promossa attraverso processi quantistici, offre nuovi spunti su come distribuzione e accesso alle informazioni possano rafforzare l'equità socioculturale. Le sue ricerche hanno dimostrato che è possibile immaginare sistemi che mettano in discussione le gerarchie centralizzate, affermando l'idea di un mondo più cooperativo e meno egemonico.

Un altro contributo significativo arriva dal Giappone, con Hanako Watanabe, che indaga i processi quantistici nei sistemi biologici. Questo lavoro esplora quanto la vita stessa sia intrinsecamente quantistica. Le sue ricerche suggeriscono che osservare organismi viventi come sistemi quantistici dinamici porti a un rinnovato rispetto per i legami tra la scienza e la spiritualità. Le sue verifiche scientifiche si riallacciano a concetti filosofici antichi, come quelli dello Shintoismo, in cui uomo e natura si fondono in un'unica armonia.

Questi esempi illustrano come le intuizioni femminili abbiano trascinato la teoria quantistica oltre i suoi confini scientifici, verso una riflessione filosofica e sociale. Grazie al loro lavoro, la scienza quantistica non definisce solo particelle e onde, ma anche come gli individui e le società percepiscono il proprio ruolo in un cosmo interconnesso.

VII°. Donne che hanno plasmato la fisica quantistica..

"La teoria quantistica è una sinfonia di pensieri di menti brillanti, e molte di queste appartengono a donne straordinarie." (Werner Heisenberg).

La storia della fisica quantistica è dominata da nomi noti come Einstein, Schrödinger e Heisenberg. Tuttavia, dietro le quinte, diverse donne hanno contribuito in modo significativo a plasmare questa disciplina rivoluzionaria, pur senza ricevere la notorietà che meritavano.

Beatrice Worsley: pioniera dell'informatica quantistica.

Beatrice Worsley, canadese nata nel 1921, è stata una pioniera straordinaria sia della programmazione informatica che della fisica teorica. Spesso celebrata come la prima programmatrice di computer del Canada, il suo lavoro contribuì a trasformare l'approccio verso il calcolo scientifico, ponendo le basi per molti sviluppi futuri, inclusi alcuni aspetti fondamentali della computazione quantistica.

Worsley fu profondamente coinvolta nello sviluppo del primo computer digitale canadese, il *Ferranti Mark I°*, un risultato tecnologico che cambiò il panorama scientifico del paese. Fu anche tra le prime donne a scrivere alcuni dei primi programmi per questi macchinari pionieristici, dimostrando il potenziale enorme dell'informatica per risolvere problemi complessi, come quelli della fisica teorica e, più tardi, della fisica quantistica .

Il suo genio fu riconosciuto fin da giovane. Dopo la laurea all'Università di Toronto, si trasferì a Cambridge, dove partecipò a uno dei primi studi sulla programmazione dei computer, lavorando a stretto contatto con il celebre EDSAC, uno dei primi computer digitali elettronici al mondo. Durante questo periodo, Worsley cominciò a esplorare come i computer potessero essere usati per modellare problemi di fondamentale importanza nella fisica, un approccio innovativo per quegli anni .

La vera visione rivoluzionaria di Worsley fu la comprensione anticipata delle architetture che oggi guidano i calcoli quantistici moderni. Si rese conto che i computer non erano solo strumenti per supportare il pensiero umano, ma avevano il potenziale per rivoluzionare il modo in cui la scienza affronta i fenomeni fisici più complessi. In un'epoca in cui la fisica quantistica era ancora in evoluzione, Worsley immaginò un futuro in cui il calcolo avrebbe permesso di esplorare dimensioni della realtà allora imperscrutabili .

La sua carriera fu breve: morì prematuramente nel 1972 a soli 51 anni. Nonostante ciò, il suo impatto continua a risuonare, specialmente con l'avvento dei computer quantistici. Beatrice Worsley dimostra come il contributo delle donne alla scienza non sia solo rilevante, ma a volte visionario e addirittura essenziale per tracciare nuove rotte nel sapere umano.

Claudia von Schwedler e le reti di ricerca europee.

Se ripercorriamo le tappe dello sviluppo della teoria quantistica nel Novecento, il nome di Claudia von Schwedler, ricercatrice austriaca, è un esempio di come la scienza sia stata plasmata dal lavoro corale di studiosi e studiose. Poco nota al grande pubblico, Claudia von Schwedler ebbe un ruolo centrale nella diffusione e nell'applicazione dei principi della meccanica quantistica alla chimica, collaborando attivamente con le reti di ricerca europee tra il 1930 e il 1950.

Claudi Von Schwedler lavorò come ricercatrice indipendente in un periodo storico complesso. Durante il secondo dopoguerra, la scienza europea stava cercando di rialzarsi, riorganizzandosi nonostante le devastazioni causate dal conflitto. In quegli anni, i centri di ricerca europei iniziarono a tessere una collaborazione più stretta, mossa dalla consapevolezza che lo scambio di conoscenze fosse indispensabile per la ricostruzione culturale e scientifica del continente. Von Schwedler si inserì perfettamente in questo tessuto scientifico ancora fragile, ma promettente.

Negli anni Trenta, la meccanica quantistica, sviluppata dai celebri lavori di scienziati come Erwin Schrödinger e Werner Heisenberg, stava già iniziando a influenzare altre discipline. Claudia von Schwedler fu tra i primi a vedere il potenziale di questi principi per la chimica. Le sue ricerche si concentrarono sulla modellizzazione di fenomeni atomici e molecolari, contribuendo alla scoperta di nuove strutture molecolari.

Uno dei suoi contributi più significativi fu l'intuizione che le rappresentazioni quantistiche degli stati elettronici potessero essere utilizzate per prevedere le proprietà chimiche di composti ancora sconosciuti. Questa idea influenzò le attività di importanti centri di ricerca, come il *"Kaiser Wilhelm Institut"* in Germania e il *"Centre National de la Recherche Scientifique"* (CNRS) in Francia, con cui von Schwedler collaborava regolarmente. Durante le sue visite al CNRS negli anni Quaranta, il suo scambio con colleghi francesi e tedeschi contribuì a consolidare il lavoro interdisciplinare tra fisici teorici e chimici sperimentali.

Claudia von Schwedler fu un elemento aggregante nelle reti di ricerca europee. Sebbene non avesse un'accademia di riferimento ufficiale, il suo stato indipendente le consentì di viaggiare e collaborare con più istituti. La sua esperienza negli ambienti accademici della Francia, dell'Austria e della Germania la rese una figura ponte in un periodo di divisioni geopolitiche.

Secondo un aneddoto riportato da colleghi, von Schwedler organizzò nel 1947 un piccolo seminario a Vienna, a cui parteciparono scienziati provenienti da diversi Paesi. In un'Europa che stava appena riallacciando i propri legami culturali e intellettuali, quei dibattiti tecnici sui modelli quantistici sembrarono, simbolicamente, un passo verso un nuovo spirito comunitario.

Claudia von Schwedler affrontò molte delle difficoltà comuni alle ricercatrici donne del suo tempo. Non avendo una cattedra universitaria, si trovò spesso ai margini dei riconoscimenti ufficiali. Tuttavia, il suo contributo non passò inosservato nel substrato degli studiosi d'élite. Lavorò al fianco di chimici e fisici noti, tra cui il tedesco Fritz London, che in una lettera del 1939 la definì:

"...una mente brillante, capace di vedere connessioni dove altri si fermano a osservazioni parziali".

A livello personale, Claudia von Schwedler mantenne sempre un profilo riservato. Si sa poco della sua vita privata, salvo che provenisse da una famiglia benestante viennese e che il suo interesse per la scienza fosse stato incoraggiato già in gioventù. Rimase legata a Vienna per gran parte della sua vita, ma le sue idee la portarono ben oltre i confini dell'Austria.

L'attività di Claudia von Schwedler si inserisce in quel movimento di donne della scienza che, dal primo Novecento, contribuì a trasformare il panorama accademico globale. Pur non avendo la fama di figure come Marie Curie, il suo lavoro ha lasciato un'impronta significativa, soprattutto nei modelli utilizzati per analizzare molecole chimiche.

Il contesto in cui operava, le sue intuizioni scientifiche e il suo contributo alla creazione di una rete di ricerca europea fanno di Claudia von Schwedler un modello di resilienza e dedizione alla scienza. Ancora oggi, il suo lavoro nei campi della chimica quantistica resta un punto di riferimento per chi studia il periodo di transizione della scienza europea tra le due guerre mondiali e il secondo dopoguerra.

Von Schwedler rappresentò non solo un contributo scientifico tangibile, ma anche un esempio di come la cultura scientifica europea sia stata alimentata dalla cooperazione e dallo scambio intellettuale, in cui le donne come lei hanno giocato un ruolo fondamentale, anche quando la storia non ha dato loro il giusto credito.

Riflessione culturale.

Queste figure poco conosciute operavano spesso in ambienti ostili. Grete Hermann lavorava sotto il peso del nazismo, mentre Worsley doveva affrontare una comunità scientifica prevalentemente maschile. Nonostante ciò, il loro lavoro testimonia la passione e l'ingegno che hanno reso la fisica quantistica un terreno fecondo per idee rivoluzionarie.

Oggi, la comunità scientifica sta lentamente recuperando e celebrando il lascito di queste donne. Il loro contributo non riguarda solo le equazioni o le scoperte tecniche, ma anche una prospettiva diversa che ha arricchito la comprensione della natura dell'universo.

Questi esempi sottolineano come la scienza sia un'impresa collettiva, che si costruisce attraverso voci diverse, spesso messe ingiustamente in ombra. È importante raccontare le storie dimenticate di queste pioniere per dare loro il posto che meritano nella storia della scienza e ispirare le generazioni future.

La fisica quantistica è stata plasmata da spiriti ribelli che non accettavano limiti. Ora sappiamo che anche molti di quei ribelli erano donne.

Altre pioniere.

Melba Phillips.

Melba Phillips (1907-2004) è stata una fisica teorica statunitense di rilievo, nota sia per i suoi contributi alla fisica quantistica che per il ruolo educativo e umanitario che ha esercitato nel campo scientifico. Nata nell'Indiana, Melba si laureò al *"Battle Ground High School"* e poi alla *"University of Chicago"*, dove ottenne il dottorato sotto la guida del celebre fisico J. Robert Oppenheimer nel 1933. Fu una delle poche donne del suo tempo a lavorare in un campo scientifico dominato dagli uomini.

Melba è riconosciuta per la co-scoperta dell'*effetto Oppenheimer-Phillips*, un importante processo collegato alle reazioni nucleari che coinvolgono particelle alfa. Questo effetto ha contribuito a chiarire i meccanismi attraverso cui gli atomi leggeri interagiscono durante un decadimento nucleare, un fenomeno fondamentale per capire la struttura della materia. Nonostante il suo nome sia legato principalmente alla fisica nucleare, Melba Phillips ha avuto anche un interesse significativo per le discussioni teoriche e filosofiche legate alla meccanica quantistica, un'area di ricerca che stava trasformando la comprensione scientifica del XX secolo.

Durante la sua carriera, Phillips si trovò immersa in un'epoca di discussioni ferventi sulla natura probabilistica della realtà proposta dalla meccanica quantistica. Molti scienziati, tra cui Albert Einstein, dibatterono sull'idea che i principi della teoria quantistica potessero compromettere il determinismo classico. Phillips, sebbene più riservata nei suoi interventi teorici rispetto ai colleghi, sostenne l'importanza di accettare i dati sperimentali senza compromessi ideologici.

Oltre ai contributi alla fisica teorica, Phillips si impegnò per promuovere l'accesso all'educazione scientifica. Negli anni Cinquanta, perse la sua posizione accademica per essersi rifiutata di testimoniare contro colleghi durante il maccartismo, un episodio che riflette il suo forte senso etico. Nonostante questa battuta d'arresto, continuò a scrivere libri didattici e a sostenere un dialogo aperto sulla scienza, mantenendo i suoi legami con figure come Maria Goeppert Mayer e Lise Meitner, donne che come lei hanno dato contributi straordinari alla scienza.

Melba Phillips rappresenta non solo un esempio di eccellenza scientifica, ma anche di resistenza morale in un periodo storico tumultuoso. Le sue ricerche, che attraversano il confine tra fisica atomica e quantistica, mostrano come il rigore analitico possa convivere con un impegno per i valori umani. La sua storia si intreccia con quella più ampia di una generazione di scienziate che hanno plasmato, spesso in silenzio, il dibattito sulle fondamenta della fisica moderna.

Phillips rimane una figura centrale per chiunque voglia esplorare non solo i dettagli della scienza quantistica, ma anche il contesto culturale che ha permesso il suo sviluppo. Come disse una volta:

"L'educazione e la scienza sono le uniche strade che ci permettono di costruire un futuro migliore".

Elizabeth Rauscher (1937-2019).

Elizabeth Rauscher è stata una delle menti più visionarie del XX secolo in fisica teorica. Nata a Berkeley, California, ha studiato e lavorato in un contesto culturale unico, dove scienza e innovazione si mescolavano continuamente. Rauscher si è distinta per il suo lavoro sull'informazione quantistica, in particolare sul trasporto dell'informazione, un campo che oggi riveste un'importanza cruciale per tecnologie come i computer quantistici e le reti di comunicazione avanzate.

Il suo approccio era multidisciplinare. Rauscher integrava fisica quantistica, matematica avanzata e filosofia per rispondere a domande fondamentali sull'universo. Nel suo articolo pionieristico sul trasporto quantistico dell'informazione, Rauscher illustrò come particelle apparentemente separate possano condividere istantaneamente dati grazie al fenomeno dell'entanglement. Questo concetto, legato alla non-località, sfidò la visione classica dello spazio-tempo e aprì scenari nuovi per la comprensione dei sistemi complessi .

Un aneddoto racconta della sua collaborazione con scienziati presso il *"Lawrence Berkeley National Laboratory"*, dove si confrontava con giganti del calibro di Edward Teller. Spinta dalla curiosità, Elizabeth proponeva esperimenti audaci, sfidando i limiti della tecnologia dell'epoca. In uno di questi studi, esplorò come le informazioni potessero "viaggiare" attraverso canali non convenzionali, un concetto che ebbe implicazioni non solo per la fisica ma anche per le neuroscienze e gli studi sulla coscienza .

Elizabeth sapeva che la scienza non esiste nel vuoto, perciò si interessò anche agli aspetti etici delle sue scoperte, domandandosi come queste potessero cambiare il nostro rapporto con la tecnologia e il significato stesso di conoscenza. Uno dei suoi detti celebri era:

"Non si tratta solo di capire l'universo, ma di capire il nostro ruolo in esso".

I suoi lavori influenzano ancora oggi studiosi e ricercatori. Le sue intuizioni hanno contribuito a creare le basi per lo sviluppo di tecnologie che sfidano la nostra comprensione del possibile, connettendo discipline che vanno oltre la fisica classica. La storia di Elizabeth Rauscher è una testimonianza di come intuizione, rigore scientifico e creatività possano trasformare il nostro rapporto con il mondo.

Agnes Pockels (1862-1935)

Agnes Pockels è stata una pioniera della fisica e chimica delle superfici, influenzando profondamente la scienza moderna. Nata a Venezia, in Italia, Pockels crebbe a Braunschweig, in Germania, dove iniziò il suo straordinario percorso scientifico. Sebbene non le fosse permesso frequentare l'università a causa del suo genere, Agnes riuscì a sviluppare una profonda conoscenza delle scienze naturali, studiando autonomamente attraverso i libri del fratello divenuto ingegnere.

Nel 1891, pubblicò il suo lavoro più importante sulla tensione superficiale in una nota alla rivista inglese *Nature*. Pur non avendo un'istruzione formale, riuscì a dimostrare di padroneggiare i principi fondamentali della fisica delle superfici. La scoperta che la tensione superficiale varia a seconda della pulizia, del tipo di liquido e della presenza di sostanze contaminanti fece di Pockels un'autorità nel campo. La sua invenzione della "vasca di Pockels" permise di misurare con precisione la tensione superficiale e aprì la strada agli studi su scala molecolare.

La "vasca di Pockels" (in inglese *Pockels trough*) è un dispositivo utilizzato per studiare la tensione superficiale dei liquidi e il comportamento dei film sottili sulle superfici liquide. La vasca di Pockels è considerata un precursore del più avanzato *"Langmuir trough"*.

Si tratta essenzialmente di una vasca rettangolare piatta con una superficie d'acqua sulla quale si possono stendere sottili strati di molecole (film). Un'asta mobile o una barriera può essere spostata sulla superficie per comprimere il film, consentendo di misurare la tensione superficiale e di studiare il comportamento delle molecole alla superficie. Questo dispositivo è stato fondamentale per i primi studi sulla chimica e fisica delle interfacce liquido-gas.

L'influenza di Agnes Pockels si estese ben oltre la sua epoca. I suoi studi hanno gettato le basi per i modelli di interazione molecolare che molti decenni dopo avrebbero contribuito alla teoria quantistica. In particolare, il concetto di interfacce e superfici come luoghi critici di interazione molecolare ha trovato profonde applicazioni negli studi di quanti relativi alle forze intermolecolari. Le sue scoperte furono utili per scienziati come Irving Langmuir, che vinse il Premio Nobel per la chimica nel 1932 per il suo lavoro sulle superfici monoatomiche. Langmuir stesso riconobbe l'importanza del lavoro pionieristico di Pockels.

Un aneddoto emblematico riguarda la difficoltà di Pockels nel far ascoltare la propria voce alla comunità accademica. Fu Lord Rayleigh, eminente fisico inglese e Nobel, a notare il valore delle sue osservazioni e a insistere per la pubblicazione dei suoi risultati. Nonostante queste difficoltà iniziali, Agnes ottenne importanti riconoscimenti scientifici negli anni successivi della sua carriera.

La storia di Pockels è un esempio di come la passione per la conoscenza possa superare le barriere culturali e istituzionali. Le sue scoperte nel campo delle superfici non solo hanno avuto un grande impatto sulla chimica fisica, ma hanno anche contribuito in maniera indiretta a rafforzare i futuri modelli teorici alla base della meccanica quantistica. Oggi, il nome di Agnes è ricordato con rispetto, un tributo al suo ruolo cruciale nella comprensione delle interazioni molecolari.

Marietta Blau (1894-1970)

Marietta Blau è stata una delle figure più innovative della fisica sperimentale del XX secolo. La sua invenzione, l'uso delle lastre fotografiche per rilevare particelle subatomiche, ha rivoluzionato la ricerca in ambito quantistico e lasciato un'impronta duratura sulla fisica moderna. Nata a Vienna nel 1894, Blau crebbe in un ambiente culturale vibrante. Studiò fisica e matematica presso l'Università di Vienna, laureandosi nel 1919, in un periodo in cui pochissime donne accedevano al mondo accademico e scientifico.

Marietta Blau dimostrò che le lastre fotografiche, già usate in chimica e astronomia, potevano essere adattate per uno scopo completamente nuovo: osservare le tracce lasciate dalle particelle subatomiche. Nel 1923 Blau iniziò a sperimentare questa tecnica presso l'"*Istituto di Fisica Radium*" a Vienna, sotto la guida di Stefan Meyer. L'idea era tanto semplice quanto geniale: le particelle ad alta energia, interagendo con l'emulsione fotografica sensibilizzata, lasciavano tracce visibili al microscopio sotto forma di minuscoli granelli di argento.

Questa nuova tecnica consentì di monitorare particelle che altrimenti sarebbero state invisibili ai metodi tradizionali. Con le lastre fotografiche si potevano catturare eventi rari come l'interazione tra protoni o lo studio dei raggi cosmici.

Il risultato più significativo arrivò negli anni Trenta, quando Blau, collaborando con la ricercatrice Hertha Wambacher, utilizzò le lastre fotografiche per studiare i raggi cosmici. Nel 1937 Marietta e Hertha pubblicarono una ricerca che dimostrava l'esistenza di disintegrazioni multiple nei nuclei atomici, un'osservazione cruciale per comprendere meglio le interazioni nucleari. Questo lavoro ricevette l'attenzione della comunità scientifica internazionale. Albert Einstein stesso ne elogiò l'importanza.

Le osservazioni di Blau furono utili in più campi. Nel tempo la sua tecnica fu adottata anche dai fisici britannici e statunitensi per studiare il comportamento dei mesoni, particelle elementari previste dalla teoria quantistica ma difficili da rilevare.

Un mondo ostile: discriminazione e fuga dal nazismo.

Per quanto brillante, la carriera di Marietta Blau fu ostacolata da diversi fattori legati al suo tempo. Oltre al pregiudizio per il fatto di essere donna in un campo dominato dagli uomini, Blau dovette affrontare quello, ancora più determinante, per essere di origine ebraica. Con la salita al potere del nazismo, fu costretta a lasciare l'Austria nel 1938. Fuggì in Messico, dove trovò rifugio grazie agli sforzi della comunità scientifica internazionale. Nonostante le difficoltà, continuò a lavorare, anche se con molte meno risorse.

Dopo la Seconda Guerra Mondiale, nel 1948, Blau fu invitata negli Stati Uniti per lavorare presso il *"Brookhaven National Laboratory"*. Tuttavia, le opportunità che le furono offerte non furono mai all'altezza delle sue capacità. La comunità scientifica, pur ispirata dal suo lavoro, non le diede mai pieno riconoscimento.

Per decenni il contributo di Marietta Blau è rimasto in gran parte nell'ombra. In parte ciò si deve al fatto che molti dei suoi risultati furono utilizzati da altri, spesso uomini, che ricevettero invece riconoscimenti e premi. Nel 1950 Cecil Powell vinse il Premio Nobel per la scoperta dei mesoni, basandosi in gran parte sull'uso delle lastre fotografiche sviluppato dalla stessa Marietta. Il suo nome non fu tuttavia menzionato.

Solo in tempi recenti Marietta Blau ha ricevuto il giusto apprezzamento. Una targa commemorativa è stata posta all'Istituto di Fisica Radium a Vienna, e il suo lavoro è ora considerato uno degli esempi più brillanti di innovazione scientifica nel campo della fisica delle particelle.

L'impatto delle scoperte di Blau supera il mondo accademico. La sua determinazione e il suo genio hanno ispirato generazioni di donne scienziate che si sono affermate in campi estremamente competitivi.

Marietta Blau, con le sue lastre fotografiche e la sua visione rivoluzionaria, ci ha ricordato che perfino il più piccolo granello di luce può cambiare il nostro modo di vedere l'universo.

Ruby Payne-Scott (1912-1981).

Ruby Payne-Scott è stata una pioniera della radioastronomia, una scienza che ha trasformato il nostro modo di osservare l'universo. Oltre ad essere una delle prime donne a innalzare il livello della ricerca astronomica, il suo lavoro ha gettato le basi per l'applicazione di concetti della teoria quantistica all'analisi del cosmo. Payne-Scott ha lavorato in un'epoca in cui il sapere scientifico si trovava a una cruciale fase di transizione: l'incontro fra fisica classica e meccanica quantistica stava rivoluzionando ogni settore della scienza.

Nata a Grafton, in Australia, Ruby Payne-Scott ebbe un'educazione solida. Studiò fisica presso l'Università di Sydney, dove si laureò con lode nel 1933, conquistando presto un ruolo rilevante in un mondo quasi interamente dominato dagli uomini. La passione di Payne-Scott per la fisica sperimentale e la sua capacità analitica la portarono a lavorare in un settore emergente: la radioastronomia.

Durante la Seconda Guerra Mondiale, Ruby Payne-Scott lavorò per l'ente di ricerca australiano CSIR, precursore del moderno CSIRO. Qui collaborò allo sviluppo dei radar, tecnologia allora fondamentale per identificare velivoli nemici. Al termine del conflitto, sfruttò le conoscenze acquisite sui radar per studiare le emissioni radio provenienti dal Sole e da altre sorgenti cosmiche. Questo la portò a far parte di un gruppo di ricerca presso l'osservatorio a Dover Heights, nei pressi di Sydney, dove si verificarono alcune delle scoperte più significative del suo tempo.

Il contributo di Ruby Payne-Scott alla radioastronomia è legato soprattutto alla sua capacità di analizzare i dati attraverso un approccio innovativo. Fu una delle prime a documentare le tempeste solari attraverso onde radio, osservando fenomeni finora sconosciuti. Le sue osservazioni dimostrarono che le radiazioni solari seguivano schemi che potevano essere descritti solo attraverso le leggi della meccanica quantistica. Questo non solo aprì nuove prospettive per la comprensione delle stelle, ma diede anche impulso allo studio delle particelle subatomiche nell'universo.

Un aspetto interessante del lavoro di Payne-Scott è l'utilizzo interferometro radioastronomico, una tecnologia che le permise di mappare sorgenti radio con precisioni mai raggiunte prima. Per fare questo, Payne-Scott e il suo team usarono tecniche che avrebbero poi ispirato tecnologie come quelle impiegate nei moderni telescopi quantistici. Grazie a queste innovazioni, i ricercatori iniziarono a considerare le onde radio come uno strumento prezioso per analizzare la struttura e il comportamento di galassie lontane, segnalando l'universo come un sistema complesso e interconnesso, governato sia dalle leggi delle onde elettromagnetiche sia dai principi quantistici.

Tuttavia, la carriera di Ruby non fu priva di ostacoli. Alla fine degli anni '50, Payne-Scott fu costretta a lasciare la ricerca quando la sua vita personale — il matrimonio e la maternità — entrarono in conflitto con le rigide aspettative sociali dell'epoca. Nonostante ciò, il suo lavoro continuò a influenzare generazioni di scienziati e scienziate che avrebbero ampliato il campo della radioastronomia e della fisica quantistica.

Oggi, Ruby Payne-Scott è ricordata non solo per la sua brillante capacità scientifica, ma anche per il suo spirito rivoluzionario. Fu un'attivista per i diritti delle donne e lottò contro le discriminazioni sul lavoro in un'epoca in cui tali battaglie erano particolarmente difficili. Chiunque oggi guardi attraverso un telescopio radio deve qualcosa al genio di Ruby Payne-Scott e alla sua visione lungimirante di un universo che poteva essere compreso solo attraverso il dialogo fra fisica classica e teoria quantistica.

Yuriko Takehama (1924-1998): La prospettiva giapponese sulla teoria quantistica.

Yuriko Takehama è stata una figura fondamentale nello sviluppo della meccanica quantistica, contribuendo a colmare il divario tra teoria ed applicazioni pratiche. Nata a Kyoto nel 1924, Takehama è cresciuta in un contesto in cui la fisica stava rapidamente evolvendo, in particolare grazie ai progressi introdotti da scienziati europei come Niels Bohr ed Erwin Schrödinger. Tuttavia, il suo approccio distintivo è stato fortemente influenzato dalla filosofia giapponese, che promuove l'armonia tra scienza e natura.

Negli anni '50, Takehama ha lavorato al *"Centro di Ricerca di Fisica Teorica"* di Tokyo, dove ha pubblicato uno dei suoi lavori fondamentali sul concetto di *"interazioni localizzate in sistemi quantistici complessi"*. Il suo modello ha offerto una traduzione pratica dei principi di sovrapposizione e non-località, rendendoli utili per lo sviluppo di nuove tecnologie come i semiconduttori avanzati. Questo approccio ha influenzato non solo il Giappone, ma anche la comunità scientifica internazionale

Un episodio degno di nota riguarda il 1962, quando Yuriko Takehama fu invitata ad una conferenza a Monaco di Baviera. Durante l'evento, il suo intervento sulla relazione tra simmetria quantistica e teoria dei gruppi fu accolto con grande entusiasmo. La sua capacità di spiegare concetti complessi con estrema chiarezza la rese una delle scienziate più apprezzate del suo tempo. In quell'occasione, il fisico tedesco Werner Heisenberg definì Yuriko Takehama:

"la mente che unisce Oriente e Occidente nella scienza" .

Oltre ai suoi contributi teorici, Takehama si impegnò anche nella divulgazione scientifica. Scrisse numerosi saggi che rendevano accessibili la logica e la bellezza della fisica quantistica a un pubblico più ampio. Il suo libro più conosciuto, *"Onde e particelle: una prospettiva globale"*, pubblicato nel 1975, divenne un testo di riferimento per gli studenti di fisica in Giappone e fu successivamente tradotto in diverse lingue .

Culturalmente, il lavoro di Takehama rifletteva l'interconnessione tra la fisica moderna e la filosofia tradizionale giapponese. Questo aspetto è evidente nei suoi scritti, in cui spesso faceva riferimento a concetti come *"mu"* (il nulla) e *"kū"* (la vacuità), valorizzando il ruolo dell'intuizione nel comprendere i fenomeni naturali.

Yuriko Takehama è ricordata non solo per i suoi contributi scientifici, ma anche per la sua capacità di costruire ponti tra culture e discipline. La sua eredità continua a ispirare future generazioni di scienziati in tutto il mondo.

Rosalind Franklin (1920-1958) e la struttura quantistica del DNA.

Rosalind Franklin. Un nome che risuona nella scienza come il simbolo di un talento incompreso e di una dedizione instancabile. Molti conoscono il suo ruolo nella scoperta della doppia elica del DNA, ma pochi riflettono sulla portata teorica e sull'impatto quantistico del suo lavoro. Sebbene non sia stata una fisica quantistica nel senso stretto del termine, Rosalind Franklin ha gettato le basi per esplorare come i principi della meccanica quantistica sostengano i processi molecolari, specialmente nel contesto della vita stessa.

Franklin, nata nel 1920 a Londra in una famiglia ebrea illuminata e progressista, ha costruito la sua carriera in un'epoca in cui le donne erano ancora confinate ai margini della scienza accademica. Dopo aver ottenuto il dottorato all'Università di Cambridge e un'importante esperienza a Parigi nel campo della cristallografia ai raggi X, approdò nel 1951 al King's College di Londra. Fu proprio lì che la sua straordinaria precisione e intuizione permisero di catturare la famosa "Fotografia 51". Questo modello di diffrazione ai raggi X, ottenuto da Rosalind grazie alla sua minuziosa dedizione al posizionamento delle molecole e alla calibrazione degli strumenti, fu la chiave per identificare la struttura del DNA.

Ma cos'ha a che fare tutto questo con la teoria quantistica? La risposta risiede proprio nei dettagli della struttura molecolare. La doppia elica è stabilizzata da legami idrogeno tra le basi azotate complementari (adenina con timina e citosina con guanina). Questi legami non sono semplicemente interazioni chimiche banali: sono processi governati da meccanismi descrivibili solo attraverso i principi della fisica quantistica. Il tunneling protonico – un fenomeno tipicamente quantistico in cui le particelle, come i protoni, attraversano barriere energetiche apparentemente insormontabili – gioca un ruolo critico in alcune variazioni improvvise e nei mutamenti che avvengono nel DNA. Senza la cristallografia precisa di Franklin, oggi non potremmo comprendere come la dinamica quantistica influenzi la vita a livello microscopico.

Scienza e invisibilità: il dramma di Rosalind Franklin.

L'eleganza del lavoro di Franklin è stata un punto di svolta, ma la sua vita accademica fu tutt'altro che serena. Nel 1953, James Watson e Francis Crick pubblicarono il celeberrimo articolo che descriveva la struttura della doppia elica, un contributo che valse loro (e al biofisico Maurice Wilkins) il Premio Nobel per la Fisiologia o la Medicina nel 1962. Tuttavia, gran parte della loro teoria si basava proprio sui dati della "Fotografia 51" e su altre scoperte di Franklin, utilizzate senza il suo consenso diretto. Da quel momento in poi, Franklin rimase ai margini della narrazione ufficiale, la storica "donna invisibile" dietro la scienza. Nel diffondere una riflessione sulla sua figura, lo scrittore e biologo Robert P. Crease ha osservato:

"Rosalind Franklin non ha semplicemente visto la doppia elica. Ha aperto una finestra sul cuore della materia vivente".

Il contributo di Rosalind Franklin si intreccia anche con l'evoluzione della cristallografia a raggi X, una tecnica resa straordinariamente potente dall'applicazione di principi fisici derivanti direttamente dalla meccanica quantistica. Nel 1912, Max von Laue aveva ideato il metodo di diffrazione cristallina per esplorare le strutture solide; in quegli stessi anni Niels Bohr aveva reso nota la natura quantistica dell'atomo. Franklin ereditò quell'apparato teorico e lo perfezionò con un'abilità quasi artigianale, riuscendo a visualizzare non un cristallo inerte, ma una molecola vivente, pulsante e attiva nel suo ruolo biologico.

Questa convergenza tra biologia molecolare e fisica quantistica è oggi un tema fondamentale. Ricerche recenti hanno dimostrato che i processi quantistici potrebbero spiegare la velocità con cui il DNA si replica, il modo in cui le mutazioni si verificano e persino alcune dinamiche del trasferimento dell'informazione genetica. Franklin, che non visse abbastanza per vedere questi sviluppi, probabilmente non avrebbe mai pensato di essere parte di una rivoluzione teorica così ampia.

Sebbene sia morta prematuramente nel 1958 a soli 37 anni a causa di un cancro ovarico, Rosalind Franklin continua a ispirare generazioni di scienziate e scienziati. La sua vicenda ci ricorda quanto sia fragile la linea che separa i successi individuali dai riconoscimenti collettivi. Ma soprattutto, il suo lavoro ci invita a riflettere sulla bellezza nascosta della natura: una bellezza che, grazie alla fisica quantistica, appare tanto precisa quanto misteriosa.

Oggi, molte università e istituti scientifici portano il suo nome. Il rover della missione ExoMars, destinato alla ricerca di vita su Marte, è stato battezzato "Rosalind Franklin" come omaggio alla sua tenacia e al suo spirito pionieristico. È un simbolo appropriato per colei che, con la sua "Fotografia 51", ci ha permesso di viaggiare nel cuore pulsante della vita stessa.

In ultima analisi, il lavoro di Rosalind Franklin non riguarda solo il DNA. Riguarda l'incrocio tra scienza e umanità, tra precisione matematica e visione filosofica, lì dove la natura lascia intravedere i suoi segreti più profondi: quelli che, in fondo, sono sempre quantistici.

Rita Levi-Montalcini (1909-2012).

Rita Levi-Montalcini è stata una delle più grandi scienziate del ventesimo secolo. Neurobiologa e Premio Nobel per la Medicina nel 1986, il suo lavoro ha illuminato il funzionamento del sistema nervoso. Le sue scoperte sul *"Nerve Growth Factor"* (NGF) – il fattore di crescita nervoso – continuano a influenzare settori scientifici trasversali, inclusa la fisica quantistica, che studia i fenomeni su scala microscopica e subatomica. In questo articolo cercheremo di esplorare le analogie tra le scoperte della Levi-Montalcini e i processi quantistici nei sistemi biologici. Un argomento complesso, ma sorprendentemente affascinante.

La scoperta del NGF: un caso di ispirazione femminile.

Gli anni Quaranta e Cinquanta furono un periodo difficile per Levi-Montalcini. In quanto donna ed ebrea nell'Italia fascista, dovette creare un piccolo laboratorio domestico per continuare le sue ricerche durante la persecuzione razziale. Fu proprio lì, nella sua camera da letto trasformata in laboratorio, che iniziò a osservare come le cellule nervose interagissero tra loro. Nel 1952, a St. Louis (Missouri, USA) negli spazi della Washington University, Rita dimostrò l'esistenza del NGF. Questa proteina si comportava come una "guida" che stimolava e regolava la crescita delle cellule nervose. Un aneddoto curioso rivela come Rita descrisse, stupita, il NGF:

> *"Era come se ci fosse una forza invisibile che sapeva esattamente dove agire".*

Anche questa visione la portò a riflettere su processi microscopici ancora incompresi, una considerazione che oggi risuona con le domande chiave della fisica quantistica.

Nel mondo quantistico, le particelle subatomiche seguono leggi diverse rispetto a quelle della fisica classica. Effetti come la sovrapposizione e l'entanglement – in cui due particelle restano "collegate" a distanza – sembrano contraddire la nostra comprensione "normale" della realtà. Molti scienziati moderni ipotizzano che i sistemi biologici, apparentemente caotici, utilizzino principi quantistici per ottimizzare le loro funzioni.

Le reti neurali, che la Levi-Montalcini ha studiato con precisione meticolosa, possono fornire un esempio chiave. Le interazioni tra le cellule nervose, infatti, richiedono una sincronizzazione e una trasmissione di segnali a lunghissima distanza. Alcuni studiosi suggeriscono che i segnali nervosi potrebbero sfruttare fenomeni di decoerenza quantistica per migliorare l'efficienza nel trasferimento delle informazioni. Sebbene non ci siano prove definitive, questa ipotesi potrebbe spiegare come il sistema nervoso risolva problemi complicatissimi in tempi rapidissimi.

Analogie tra il lavoro della Levi-Montalcini e i sistemi quantistici.

Le scoperte di Levi-Montalcini portano a immaginare un cervello che gestisce milioni di segnali quasi come un computer quantistico naturale. Il NGF, ad esempio, agisce come un meccanismo di "ricerca intelligente" che ottimizza la crescita delle cellule. Potremmo associarlo a un algoritmo quantistico, capace di valutare diverse opzioni simultaneamente prima di scegliere la migliore.

Inoltre, il concetto stesso di "rete" del sistema nervoso riflette la complessità interconnessa dei sistemi quantistici.

Ogni neurone sembra agire non solo individualmente, ma anche come parte di un insieme. Un insieme che potrebbe riportare alla mente i fenomeni di coerenza osservati nei fotoni nei laser o negli elettroni nei superconduttori.

Rita Levi-Montalcini era anche una pensatrice umanista. Credeva che il cervello umano fosse il prodotto più straordinario della natura. Nel suo libro *"Elogio dell'Imperfezione"*, scrisse:

"Il corpo umano è l'opera di un compositore impaziente, che ha scritto una sinfonia meravigliosa, ma piena di sbavature".

Questa visione poetica si adatta bene agli studi quantistici, che descrivono un universo "imperfetto" dove teoria e incertezza convivono armoniosamente.

Come molti scienziati del suo tempo, Levi-Montalcini non approfondì la fisica quantistica. Tuttavia, il suo lavoro getta le basi per capire come biologia e fisica possano convergere. Il suo pensiero visionario, insieme alle sue intuizioni biologiche, continua a ispirare nuove ipotesi su come il nostro cervello utilizzi leggi quantistiche per esistere, imparare e adattarsi.

Rita Levi-Montalcini ha rivoluzionato la comprensione del sistema nervoso, aprendo la strada a innumerevoli scoperte future. Le sue intuizioni, se combinate con gli studi moderni sulla fisica quantistica, ci permettono di riflettere sul potenziale nascosto nei sistemi biologici. La sua vita è la prova tangibile che determinazione e curiosità possono trasformare la scienza, offrendo spunti per collegare discipline solo apparentemente lontane. Il lavoro di Levi-Montalcini lascia un'eredità che va oltre la biologia. Parla della meraviglia dell'universo e del potenziale inesplorato del corpo umano.

Margaret Burbidge (1919-2020).

Margaret Burbidge è stata una delle menti più brillanti dell'astrofisica moderna. Il suo contributo alla comprensione della fisica nucleare nelle stelle ha trasformato la nostra visione dell'universo, collegando fenomeni stellari e meccanica quantistica in modi profondamente innovativi.

Nata a Davenport, in Inghilterra, Margaret Burbidge mostrò fin da giovane un interesse per il cielo e le stelle, che la portò a un'eccezionale carriera scientifica. La sua opera più celebre, sviluppata insieme ai colleghi Geoffrey Burbidge (suo marito), William Alfred Fowler e Fred Hoyle, si concretizzò in un lavoro rivoluzionario pubblicato nel 1957, noto come la *"teoria B²FH"* (dalle iniziali di Burbidge, Burbidge, Fowler e Hoyle). In questo studio, il gruppo esplorò i processi nucleari che avvengono all'interno delle stelle, dimostrando che gli elementi chimici più pesanti dell'idrogeno furono forgiati nelle fornaci nucleari stellari attraverso la nucleosintesi come nelle esplosioni di supernova. Questo lavoro è considerato una pietra miliare della fisica e dell'astrofisica moderna.

Margaret Burbidge si opponeva a ogni barriera che limitasse il suo lavoro. Negli anni '50, le osservatrici erano spesso discriminate nei ruoli scientifici attivi, ma Margaret perseverò, ottenendo il diritto di usare telescopi di punta per svolgere il suo lavoro pionieristico. Grazie ai suoi studi, si comprese che la trasformazione nucleare di elementi come elio e carbonio, processi governati dalla fisica quantistica, è alla base dell'energia rilasciata dalle stelle, contribuendo alla stabilità delle galassie e alla formazione di nuovi mondi.

Un aneddoto significativo riguarda la sua lotta per la parità nel mondo scientifico. Nel 1972 rifiutò l'"*Annie Jump Cannon Award*". Questo è un premio assegnato dall'"American Astronomical Society" (AAS) per riconoscere contributi eccezionali all'astronomia da parte di giovani ragazze astronome. Questo premio prende il nome da Annie Jump Cannon, una famosa astronoma statunitense nota per il suo contributo fondamentale alla classificazione stellare e per essere una figura di spicco nella storia delle donne in scienza. Margaret rifiutò il premio sottolineando che premi destinati esclusivamente alle donne perpetuavano una discriminazione di genere. Questa decisione cementò la sua figura non solo come scienziata, ma anche come simbolo di equità e progresso.

Il lavoro di Margaret Burbidge non solo ha aperto nuove strade per gli studi astrofisici, ma ha anche messo in evidenza il profondo legame tra i processi quantistici microscopici delle particelle subatomiche e i grandiosi eventi cosmici che modellano l'universo visibile. Ricordata come una pioniera, ha lasciato un'eredità che continua a ispirare generazioni di studiosi, specialmente nel campo della meccanica quantistica applicata all'astrofisica.

La primavera del 1957, data della pubblicazione del "B^{2}FH", segna una pietra miliare per la fisica e l'astrofisica, unendo concetti quantistici con fenomeni stellari macroscopici, legando per sempre il suo nome al mistero delle stelle e alla loro storia evolutiva .

La discriminazione di genere nella carriera di Burbidge.

Durante i primi decenni del suo percorso accademico, Margaret fu spesso esclusa da posizioni prestigiose e opportunità di ricerca a causa del suo essere donna. Un esempio notevole di questo fu quando le venne negata una posizione lavorativa presso l'Osservatorio del Monte Wilson, uno dei centri di ricerca astronomica più avanzati al tempo. Si trattava di una politica esplicitamente discriminatoria, poiché le donne non potevano essere considerate per ruoli ufficiali in alcuni osservatori. Invece di arrendersi, Margaret trovò soluzioni creative: ad esempio, in un'occasione, si candidò per una posizione come assistente di suo marito, Geoffrey Burbidge, per aggirare queste restrizioni.

Oltre ai suoi successi scientifici, Margaret Burbidge si è attivamente impegnata per affrontare le barriere di genere nella comunità scientifica. Nel 1972 rifiutò la Medaglia Annie Jump Cannon dell'American Astronomical Society, un premio destinato esclusivamente alle donne, come gesto simbolico contro la discriminazione di genere e la segregazione dei riconoscimenti femminili. Sosteneva che le donne non dovessero essere isolate o trattate diversamente rispetto ai loro colleghi uomini.

Nel corso della sua carriera, divenne un esempio ispiratore per le astronome e le scienziate, promuovendo uno sforzo attivo per abbattere i pregiudizi e sostenere l'emancipazione femminile nel campo delle scienze.

Nonostante gli ostacoli iniziali, Margaret raggiunse molti traguardi importanti, diventando una delle figure di riferimento dell'astronomia. Fu la prima donna a dirigere l'Osservatorio Reale di Greenwich, una delle istituzioni astronomiche più prestigiose del mondo. È stata anche presidente dell'American Astronomical Society, dove ha continuato a difendere l'uguaglianza di genere.

Claudine Hermann (1945-2017).

Claudine Hermann è stata una fisica francese pioniera nel campo dell'ottica quantistica. Fu una delle prime donne a emergere in un settore dominato per lungo tempo dagli uomini, contribuendo in modo significativo alla comprensione dell'interazione tra luce e materia. L'approccio scientifico di Claudine Hermann si focalizzò principalmente sulla fisica ottica, con particolare attenzione alla polarizzazione della luce e agli effetti non lineari che si verificano nei materiali sottoposti a specifiche condizioni.

La fisica Claudine Hermann dedicò gran parte della sua carriera alla comprensione di fenomeni di superficie nei solidi. Questo lavoro risultò cruciale per lo sviluppo di una maggiore comprensione dell'interazione tra radiazione elettromagnetica e materiali diversi. Uno dei suoi studi più noti riguardò l'uso della luce polarizzata nella misurazione delle proprietà ottiche dei materiali, che portò a innovazioni significative nella caratterizzazione di superfici. Si può immaginare quanto queste scoperte abbiano aperto nuovi orizzonti nella fotonica e nelle tecnologie laser.

Claudine Hermann utilizzò esperimenti innovativi per svelare meccanismi complessi nell'ottica non lineare. In questi fenomeni, l'intensità della luce cambia le proprietà del mezzo attraverso cui si propaga. Gli studi di Hermann contribuirono a perfezionare tecniche con applicazioni pratiche in settori come le telecomunicazioni ottiche e lo sviluppo di strumenti laser avanzati. L'ottica quantistica, infatti, non si limitava più soltanto a teorie astratte, ma trovava nuove applicazioni concrete grazie alla dedizione di scienziate come lei.

Un contributo significativo di Claudine Hermann nei suoi studi fu il lavoro sul *"Second Harmonic Generation"* (SHG), cioè il raddoppio della frequenza di un raggio laser quando attraversa un cristallo non lineare. Questo processo, oggi alla base di numerosi dispositivi ottici utilizzati nella scienza e nell'industria, permette di osservare e manipolare proprietà fondamentali della materia attraverso la luce .

Claudine Hermann fu un esempio non solo per il suo contributo scientifico, ma anche per il suo impegno sociale. Come prima donna docente alla rinomata *"École Polytechnique"* di Parigi, sfidò gli stereotipi di genere promuovendo la diversità nell'ambiente scientifico. Hermann, oltre all'attività accademica, si dedicò con passione a iniziative volte a sostenere le donne nella scienza, diventando una delle co-fondatrici della rete europea femminile EPWS (*European Platform of Women Scientists*).

L'influenza della sua carriera non si limitò al laboratorio. Le sue scoperte influenzarono generazioni di scienziati e scienziate, dimostrando come l'ottica quantistica possa essere un ponte tra teoria e tecnologia. Claudine Hermann aprì la strada a nuovi interrogativi sull'interazione tra luce e materia, domande che oggi sono ancora terreno fertile per la ricerca avanzata nella fisica moderna.

Annie Jump Cannon (1863-1941): La spettroscopia alle radici della quantistica.

Annie Jump Cannon non fu una fisica teorica, né calcò i laboratori dove si definivano i principi fondanti della teoria quantistica. Tuttavia, il suo lavoro pionieristico nell'astronomia — in particolare nell'organizzazione delle stelle attraverso le loro linee spettrali — gettò solide basi per lo sviluppo di alcune dinamiche centrali della meccanica quantistica. Capire come l'universo emette luce significava, in fondo, preparare il dibattito scientifico su uno dei cuori pulsanti della fisica: il comportamento degli atomi e delle particelle.

Nata in una famiglia benestante del Delaware nel 1863, Annie Jump Cannon, sin da giovane, respirò l'amore per l'osservazione del cielo, ereditando la passione dalla madre, che le insegnò il nome delle stelle con l'aiuto di vecchi atlanti celesti. Dopo essersi laureata al *Wellesley College* in fisica e astronomia, completò i suoi studi al *Radcliffe College*, affiliato ad Harvard. Fu in questo contesto, all'"*Harvard College Observatory*", che Cannon intraprese un percorso rivoluzionario, lavorando come parte delle cosiddette "*Harvard Computers*".

Le "Harvard Computers" e la classificazione stellare.

A fine Ottocento e inizio Novecento, l'osservazione astronomica viveva uno dei suoi momenti d'oro. Gli astronomi, guidati da Edward Charles Pickering, si trovavano di fronte a una montagna di dati raccolti attraverso nuovi telescopi e la spettroscopia. Tuttavia, c'era un problema: come interpretare l'immensa quantità di luce proveniente dalle stelle? Le "*Harvard Computers*", un gruppo di donne pagate poco più di una segretaria, furono incaricate di analizzare meticolosamente questi dati. Annie Jump Cannon brillò tra loro per la sua mente analitica e la sua concentrazione quasi instancabile.

Cannon prese il sistema elaborato in precedenza da un'altra "Computer", Antonia Maury, e lo semplificò con eccezionale intuizione. Notò che i colori dello spettro stellare — ovvero l'insieme delle lunghezze d'onda emesse da ciascuna stella — non erano un mosaico casuale ma seguivano uno schema ben preciso. Nel 1901, Cannon sviluppò il suo sistema di classificazione stellare, organizzando le stelle in base alle linee spettrali osservate. Questo portò alla creazione della celebre sequenza *"OBAFGKM"*, che ordina le stelle dalla più calda (O) alla più fredda (M).

Una delle chiavi del sistema di Annie fu l'attenzione alle linee di assorbimento dello spettro delle stelle, provocate dalla presenza di elementi chimici nell'atmosfera stellare. Ogni elemento "imprimeva" sulla luce una sorta di firma unica, un'idea già intuibile dai lavori di Gustav Kirchhoff e Robert Bunsen decenni prima. Tuttavia, Annie era probabilmente la mente che colse con maggiore chiarezza il potenziale dell'osservazione spettroscopica per raccontare la storia delle stelle.

Il legame con la quantistica.

Il lavoro di Cannon anticipò alcune delle scoperte principali della teoria quantistica. Era il 1913 quando Niels Bohr propose il suo celebre modello atomico, secondo il quale gli elettroni orbitano intorno al nucleo in livelli discreti di energia, emettendo o assorbendo luce (e quindi radiazioni) quando "saltano" da un livello all'altro. I colori che Cannon osservava negli spettri stellari sono intimamente legati a questi salti, alle energie assorbite dagli atomi.

In altre parole, il dedalo di righe colorate che Annie Jump Cannon catalogava con pazienza certosina non era altro che la testimonianza visibile di quei processi quantistici fondamentali. Grazie alle sue osservazioni, gli scienziati di epoche successive furono in grado di confrontare i dati delle stelle con i modelli teorici della meccanica quantistica, apportando nuove conferme alle ipotesi di Bohr, Sommerfeld e altri pionieri.

Nonostante Annie non fosse coinvolta direttamente nella teoria quantistica, il suo lavoro sulla spettroscopia fu così essenziale che oggi viene riconosciuto come una pietra miliare. Le sue scoperte permisero di compiere progressi anche in discipline lontane dalla tradizionale astronomia osservativa. Le sue collaborazioni trasversali aprirono la strada affinché fisici e chimici, da Max Planck a Erwin Schrödinger, potessero collegare il mondo microscopico degli atomi con quello macroscopico delle galassie.

Annie Jump Cannon lavorò per oltre quattro decenni all'Harvard College Observatory. Catalogò personalmente circa 350.000 stelle, un'impresa che resta senza eguali nella storia dell'astronomia. All'età di 47 anni, nel 1911, divenne una delle prime donne a ricevere un titolo onorario da un'università europea, quella di Groningen, riconoscimento che allora era raramente conferito alle donne.

Si dice che Cannon amasse descrivere alcune stelle particolari come "un'opera d'arte". Sebbene non abbia mai usato il linguaggio della teoria quantistica, il fascino che lei trovava in quella "tavolozza di colori celesti" era il riflesso della poetica quantistica nascosta dietro lo spettro della luce. Annie Jump Cannon affermò un giorno:

"Non importa cosa studiamo nel cielo; siamo tutti
parte dello stesso grande spettacolo universale".

Questa frase, semplice in apparenza, racchiude molto del suo modo di approcciarsi alla scienza. La sua capacità di osservare oltre i numeri e di sentirsi parte di un tutto cosmico le permise di fare scoperte che ancora oggi restano centrali per la comprensione dell'universo.

La sua vita è un esempio di come le donne, pur relegate a ruoli marginali, abbiano trovato modi potenti per lasciare un segno duraturo. Annie Jump Cannon non fu solo una "*Computer*". Fu una visionaria che, osservando le stelle, contribuì a gettare un ponte tra l'astronomia classica e l'universo della quantistica.

Myriam Sarachik (1933-2021).

Myriam Sarachik è stata una figura eminente nella fisica contemporanea. Il lavoro di Myriam ha contribuito in modo significativo alla comprensione delle transizioni quantistiche nei materiali. Nata a Bruxelles nel 1933, durante la Seconda Guerra Mondiale emigrò negli Stati Uniti dove intraprese una brillante carriera scientifica. Sarachik è ricordata non solo per la sua straordinaria intelligenza ma anche per il suo spirito combattivo, che l'ha spinta a perseverare in un campo dominato dagli uomini.

Uno dei suoi contributi più importanti riguarda lo studio della fisica dei materiali conduttori e degli isolanti a basse temperature. Negli anni '90, Sarachik condusse esperimenti decisivi su materiali metallici di dimensioni estremamente ridotte, dimostrando come, a certe condizioni, tali materiali possano subire una transizione da uno stato conduttivo a uno stato isolante. Queste scoperte furono fondamentali per avanzare la comprensione della fisica della localizzazione quantistica, un fenomeno in cui gli elettroni smettono di muoversi liberamente a causa di irregolarità nella struttura del materiale.

Il suo laboratorio alla *City College* di New York è stato il sito di scoperte che hanno sfidato teorie consolidate. In un'intervista Myriam ricordò l'importanza di un esperimento del 1994, nel quale osservò un comportamento quantistico inaspettato del manganese a temperatura prossima allo zero assoluto. Questo lavoro ha gettato le basi per lo sviluppo di dispositivi quantistici utilizzati oggi in tecnologie come i computer quantistici e i sensori ultra-precisi.

Sarachik possedeva anche una profonda consapevolezza del suo ruolo come donna nella scienza. In varie occasioni, denunciò le barriere sistemiche che impediscono alle donne di emergere nel mondo accademico. Una volta disse:

"Alle donne non basta essere brave, devono lottare molto più duramente degli uomini per vedere riconosciuto il proprio lavoro".

Nel 2020, Sarachik ricevette la Medaglia d'Oro della Società Americana di Fisica per il suo contributo eccezionale alla scienza. La sua eredità non risiede solo nel suo lavoro sperimentale, ma anche nella sua capacità di ispirare le generazioni future, dimostrando che una mente brillante e perseverante può illuminare anche i misteri più profondi dell'universo.

Mildred Dresselhaus (1930-2017).

Mildred Dresselhaus, ricordata con affetto come "*la Regina della Scienza del Carbonio*", è stata una pioniera nell'applicazione della fisica quantistica a materiali e nanotubi di carbonio. Il suo lavoro ha aperto la strada a sviluppi fondamentali nella scienza dei materiali, diventando un pilastro per la comprensione moderna della materia su scala atomica e quantistica.

Nata nel Bronx, New York, in una famiglia di immigrati polacchi, Mildred mostrò fin da giovane una grande passione per la matematica e la fisica. Dopo aver studiato al celebre MIT (*Massachusetts Institute of Technology*), dove in seguito insegnò per decenni, iniziò ad esplorare l'interazione tra materiali e onde quantistiche. Fu una delle prime donne a intraprendere una carriera così prestigiosa nel campo della fisica, sfidando la discriminazione di genere imperante nella metà del XX secolo.

Mildred Dresselhaus si specializzò nello studio delle proprietà elettroniche dei materiali, in particolare del grafene e dei nanotubi di carbonio. Nel 1991, la scoperta dei nanotubi di carbonio da parte dei giapponesi Iijima Sumio ed Endo Morinobu ispirò Dresselhaus, che iniziò a esplorare come le loro proprietà potessero essere spiegate attraverso la meccanica quantistica. La struttura di questi materiali – sottili cilindri di atomi di carbonio disposti in un foglio esagonale – conferisce loro proprietà straordinarie: conducono elettricità meglio del rame, sono più resistenti dell'acciaio e hanno un comportamento elettronico straordinariamente versatile. Dresselhaus comprese che il comportamento degli elettroni nei nanotubi seguiva principi di confinamento quantistico, dove i movimenti degli elettroni sono limitati a specifiche dimensioni e direzioni .

Il lavoro di Dresselhaus mise in evidenza come la simmetria perfetta di queste strutture producesse effetti quantistici macroscopici. Le sue intuizioni furono cruciali per lo sviluppo delle tecnologie legate alla nanoelettronica e alla fotonica, compresi i transistor più piccoli e i sensori di nuova generazione. Il suo lavoro ispirò nuove teorie, includendo modelli sull'interazione tra le onde sonore (fononi) e gli elettroni in materiali bidimensionali .

Celebre anche per la sua dedizione all'insegnamento, Dresselhaus trasformò il MIT in un centro di eccellenza nel campo della fisica applicata e fu una mentore per innumerevoli giovani scienziate. La sua capacità di semplificare concetti complessi la rese una divulgatrice brillante. In un'intervista disse:

> *"Ogni materia ha le sue onde e oscillazioni; il nostro compito come scienziati è capire come queste onde possono comunicare tra loro".*

Questa visione olistica del mondo microscopico è uno degli elementi centrali che collega il suo lavoro alla meccanica quantistica moderna.

Dresselhaus ricevette numerosi riconoscimenti, tra cui la Medaglia Nazionale della Scienza degli Stati Uniti nel 1990 e, nel 2012, la prestigiosa *"Kavli Prize in Nanoscience"*. La sua eredità continua a influenzare la scienza contemporanea, riallacciandosi alla meccanica quantistica non solo sul piano teorico ma anche su quello pratico. La sua dedizione e il suo approccio sono diventati simboli della potenza della curiosità scientifica femminile.

Un esempio tangibile della influenza di Mided è dato dalla ricerca sulle nanostrutture come fonte per lo sviluppo delle energie rinnovabili. Dresselhaus indagò sull'uso del grafene per migliorare le prestazioni delle celle solari e sulla sua capacità di immagazzinare energia, aprendo le porte a tecnologie sostenibili per il futuro .

Alla fine, il contributo di Mildred Dresselhaus alla teoria quantistica non risiede solo nelle applicazioni pratiche, ma anche nella visione che ha fornito: un mondo in cui la simmetria e le onde quantistiche reggono le chiavi per comprendere i fenomeni fondamentali della realtà.

Kathleen Lonsdale (1903-1971).

Kathleen Lonsdale ha ridefinito il modo in cui comprendiamo la struttura molecolare. Nata in Irlanda, nel 1903, ebbe una carriera pionieristica che la portò a distinguersi come una delle maggiori protagoniste della cristallografia a raggi X. Questo metodo, basato sull'analisi di come i raggi X si diffondono all'interno di un cristallo, le permise di decifrare la disposizione interna degli atomi nelle molecole, trasformando la chimica strutturale e influenzando profondamente la modellazione quantistica.

Lonsdale fu la prima persona a confermare sperimentalmente che il benzene possiede una struttura planare e simmetrica, con i legami tra gli atomi di carbonio distribuiti uniformemente. Questo risultato, ottenuto negli anni '30, pose fine a un dibattito scientifico particolarmente acceso. La scoperta si rivelò fondamentale. Permise agli scienziati di tradurre la struttura atomica delle molecole in modelli matematici utilizzabili nel calcolo quantistico, generando progressi nella comprensione delle interazioni molecolari .

Il contributo di Kathleen non si limitò al laboratorio. Fu una delle prime donne ammesse nella Royal Society, nel 1945, un simbolo della sua eccezionale influenza. Kathleen sostenne inoltre la collaborazione internazionale nella scienza, lavorando con studiosi di tutto il mondo e ispirando molte donne a intraprendere carriere scientifiche

Un episodio curioso racconta la sua passione nel combattere stereotipi. Da pacifista convinta, si rifiutò di partecipare alla coscrizione obbligatoria del Secondo Conflitto Mondiale e trascorse sei settimane in carcere.

Durante quel periodo, usò il tempo a suo vantaggio, conducendo analisi teoriche con carta e penna. Questo gesto testimonia la sua determinazione e convinzione nei propri principi .

Le sue scoperte posero le basi per indagini più approfondite nel campo quantistico. La comprensione delle dinamiche molecolari si intrecciò con la fisica teorica, plasmando concetti chiave come la funzione d'onda degli elettroni e l'entanglement molecolare. Lonsdale dimostrò come il visibile e l'invisibile fossero incredibilmente connessi, unendo intuizione scientifica con rigore sperimentale .

Kathleen Lonsdale ci ricorda che la scienza è più di formule e teorie. È una narrazione che intreccia curiosità, etica e conoscenza condivisa. Il suo lavoro continua a ispirare generazioni di ricercatrici e ricercatori, nei laboratori attuali e nelle frontiere ancora inesplorate della scienza quantistica.

Nicole Payan (1920–1969): il ruolo delle donne nella fisica teorica francese.

La storia della fisica teorica spesso si concentra su figure maschili, ma nasconde tra le sue pieghe i contributi di straordinarie scienziate. Tra queste, Nicole Payan, una delle voci meno note ma più stimolanti della fisica teorica francese, merita di essere riscoperta e valorizzata per il suo ruolo pionieristico nello sviluppo di teorie alternative all'interno della fisica quantistica. Payan non solo contribuì all'arricchimento del pensiero scientifico, ma divenne una figura simbolica del coraggio intellettuale delle donne in un campo allora dominato dagli uomini.

Nicole Payan nacque a Marsiglia nel 1920. Si formò all'ombra di uno dei periodi più turbolenti della storia del Novecento, segnato dalla Seconda Guerra Mondiale e dal fermento intellettuale del dopoguerra. Laureatasi all'Università di Parigi, dove frequentò l'élite scientifica della capitale, Payan si distinse per la sua capacità di collegare argomenti interdisciplinari. Questa caratteristica le permise di affrontare la fisica teorica da angolature non convenzionali.

Il contesto francese del tempo era dominato da figure maschili come Louis de Broglie, premio Nobel per la scoperta della natura ondulatoria dell'elettrone. Payan, tuttavia, si aprì un varco in questo panorama grazie a uno spirito intellettuale combattivo e visionario. I circoli accademici di Parigi, in cui si intrecciavano dibattiti scientifici e filosofici, divennero un terreno fertile per la nascita delle sue idee.

Nicole Payan si concentrò principalmente sulla ricerca di teorie alternative che mettessero in discussione alcuni dei postulati fondamentali della meccanica quantistica ortodossa. Payan si mostrò scettica verso le interpretazioni comunemente accettate della scuola di Copenaghen guidata da Niels Bohr e Werner Heisenberg, le quali dominavano il pensiero dell'epoca. Convinta che la teoria quantistica necessitasse di un'ulteriore evoluzione, Payan cercò di colmare il divario tra descrizione matematica e rappresentazione intuitiva della realtà fisica.

Il contributo più importante di Payan si inserisce negli studi sulle "*teorie a variabili nascoste*". Questa branca della fisica, rivalutata successivamente anche da figure come David Bohm, mirava a spiegare i fenomeni quantistici attraverso meccanismi deterministici più completi rispetto all'approccio probabilistico tradizionale.

Payan, nei suoi studi, propose alcune ipotesi che cercavano di approfondire la natura delle entità subatomiche, interrogandosi su questioni fondamentali come il ruolo dell'osservatore e la non-località.

Payan e la comunità femminile della fisica.

Nicole Payan apparteneva a una minoranza trascurata della fisica teorica francese: le donne. Non era sola nel suo percorso. Tra le sue contemporanee figuravano altre scienziate, come Marguerite Perey, scopritrice del francio, che, pur operando in ambiti diversi, condivideva con Payan l'impegno per affermare la presenza femminile nel mondo scientifico.

Nonostante il contesto sfavorevole, Nicole Payan trovò sostegno intellettuale in figure illuminate come Louis de Broglie stesso, che, con le sue teorie sulla dualità onda-particella, aveva aperto la strada a modelli fisici meno dogmatici. Payan instaurò con de Broglie un rapporto epistolare che ha lasciato traccia nei dibattiti dell'epoca. Alcuni documenti indicano come de Broglie fosse incuriosito dalle sue idee sulle variabili nascoste, anche se queste ricevettero poca attenzione dal mainstream scientifico.

Payan morì prematuramente nel 1969, lasciando dietro di sé pochi scritti pubblicati ma un numero significativo di appunti e corrispondenze. La sua figura è stata a lungo trascurata, ma nelle ultime decadi la storiografia della scienza ha iniziato a rivalutarne il contributo. Le sue ipotesi sulle variabili nascoste, collegate ai dibattiti sul realismo scientifico e sulla natura della realtà quantistica, sono oggi lette alla luce delle moderne questioni della fisica teorica, come l'entanglement e il paradosso di Bell.

Il principale lascito di Nicole Payan è, tuttavia, di natura culturale. Payan rappresenta un simbolo per tutte le donne che, in condizioni difficili, hanno saputo rivendicare il diritto di partecipare alla costruzione del sapere scientifico.

Il contesto francese degli anni '40 e '50 era un terreno intricato per le donne di scienza. Le donne spesso dovevano scegliere tra inseguire la passione per la ricerca o adeguarsi alle rigide aspettative della società. Nicole Payan, come altre pioniere, ha dimostrato che era possibile sfidare questi limiti, lasciando un segno che risuona ancora oggi nell'epoca della piena inclusione scientifica.

Il nome di Payan, troppo a lungo dimenticato, merita di essere affiancato a quello di altre grandi protagoniste della fisica quantistica. Il riconoscimento del suo lavoro non è solo un atto di giustizia verso una figura brillante, ma anche un invito a ripensare il modo in cui raccontiamo la storia della scienza. Una storia che, per essere completa, deve accogliere e valorizzare tutte le sue voci.

Mary L. Boas (1917-2010.

Quando si parla dei grandi contributi delle donne alla fisica quantistica, raramente si pensa a Mary Boas. Eppure, il suo lavoro pedagogico ha lasciato un'impronta indelebile sul modo in cui generazioni di fisici hanno imparato e applicato la matematica alla teoria quantistica utilizzando il suo fondamentale manuale *"Mathematical Methods in the Physical Sciences"*.

Mary Boas ha fornito strumenti intellettuali indispensabili per affrontare i problemi complessi della fisica moderna. Il significato di questa eredità risalta ancora oggi, quando la sua opera rimane un punto di riferimento per studenti e professionisti.

Mary Boas era prima di tutto un'educatrice. Laureata in matematica all'Università di Chicago e poi dottorata alla stessa prestigiosa istituzione, decise di dedicare la propria carriera non solo alla ricerca, ma anche all'insegnamento. Capì presto che molti fisici, pur dotati di una profonda intuizione scientifica, mancavano delle competenze matematiche necessarie per affrontare i problemi più avanzati della fisica teorica. Con uno spirito pratico e una mente straordinariamente lucida, Mary Boas ideò quello che sarebbe divenuto il manuale di riferimento per la formazione dei fisici del XX e XXI secolo: un volume che semplificava la matematica avanzata senza mai ridurne la profondità.

Una bussola per la fisica quantistica.

Il manuale di Mary Boas, pubblicato per la prima volta nel 1966, ha rappresentato una vera e propria rivoluzione didattica. L'opera compie un'impresa pionieristica: integrare la teoria matematica con l'applicazione alla fisica. Questo approccio pratico si è dimostrato fondamentale per i fisici teorici che lavoravano nel campo della fisica quantistica, un'area che nell'epoca richiedeva una padronanza estrema di strumenti come il calcolo vettoriale, le equazioni differenziali, e le matrici.

Niels Bohr, uno dei padri fondatori della meccanica quantistica, una volta disse:

"Chi non è rimasto scioccato dalla teoria quantistica, non l'ha capita".

Boas fornisce a chi si appresta a esplorarla una guida per non perdersi in quel complesso "shock" teorico. Nei suoi capitoli, i concetti matematici vengono esposti con una chiarezza esemplare. Questa struttura chiara e accessibile ha aiutato fisici come Richard Feynman, che ricordò più volte quanto l'educazione in matematica fosse stata essenziale per il suo approccio originale alla teoria dei campi e all'elettrodinamica quantistica.

Mary Boas insegnò per gran parte della sua carriera alla *"DePaul University"*, a Chicago, dove continuò a raffinare il suo approccio all'insegnamento. In aula, Mary si distingueva per la capacità di rendere intuitivi anche concetti ostici. Privilegiava un metodo interattivo, sottolineando l'importanza di combinare astratta teoria matematica con esempi applicati.

Questa attenzione alla connessione tra teoria e pratica fu cruciale in un'epoca in cui la teoria quantistica stava rapidamente evolvendo. Gli anni Sessanta videro un'esplosione di scoperte e applicazioni: dalla teoria delle particelle elementari alla fisica dello stato solido. Senza le basi matematiche fornite da manuali come quello di Mary Boas, molti giovani scienziati avrebbero avuto difficoltà a stare al passo con l'incredibile accelerazione dello sviluppo teorico.

Un aneddoto significativo riguarda il modo in cui una generazione di fisici ha iniziato a definire il manuale di Mary Boas. Negli anni Settanta e Ottanta, studenti di tutto il mondo si riferivano scherzosamente al libro come *"la Bibbia matematica"*. Questa espressione, ovviamente informale, sottolinea l'influenza incisiva del testo di Boas nell'ambiente scientifico. Ancora oggi, nelle aule di università da Cambridge al MIT, il libro viene adottato per corsi introduttivi avanzati.

Non si può leggere il titolo del manuale senza pensare al suo approccio universale: "nelle scienze fisiche" anziché "nella fisica". Questo dettaglio è cruciale, perché Mary Boas, pur concentrandosi sulla fisica quantistica e sulla sua matematica, volle creare un testo che fosse utile anche per altri ambiti scientifici. E infatti, il suo libro è stato adoperato anche dai chimici teorici e dagli ingegneri elettronici, discipline che condividono molte delle basi matematiche con la fisica quantistica.

L'opera di Mary Boas, per quanto meno nota al grande pubblico rispetto a quella dei giganti della meccanica quantistica come Heisenberg o Schrödinger, ha giocato un ruolo chiave nel rendere accessibile questa affascinante branca della fisica a migliaia di studenti e ricercatori. Le scoperte e le teorie hanno bisogno non solo di brillanti pionieri, ma anche di solide basi educative per sopravvivere e crescere. E Mary Boas ha garantito proprio questo: una piattaforma robusta su cui la fisica quantistica moderna, nelle sue molteplici declinazioni, ha potuto prosperare.

Dopo la sua morte, nel 2010, il lascito di Mary Boas consiste non solo nei volumi delle sue pubblicazioni, ma anche nella memoria viva dei tanti studenti che grazie a lei hanno imparato a vedere nella matematica un ponte verso la comprensione dell'universo quantistico.

Maria Goeppert-Mayer e il modello "a guscio".

Se Meitner rappresenta una voce dimenticata, Maria Goeppert-Mayer è un simbolo di riscatto. Goeppert-Mayer, fisica naturalizzata americana, è stata la seconda donna a vincere il premio Nobel per la fisica, dopo Marie Curie. Nel

1963 le venne assegnato il riconoscimento per i suoi studi sul modello a guscio del nucleo atomico, un risultato che dimostrava come alcune magie della fisica quantistica potessero spiegare la struttura della materia. Eppure, per gran parte della sua carriera, Goeppert-Mayer lavorò senza ricevere uno stipendio, spesso relegata ai margini del mondo accademico a causa del suo genere.

Maria Goeppert-Mayer è stata una figura straordinaria della meccanica quantistica e della fisica nucleare. Nata a "Kattowitz", oggi Katowice in Polonia, nel 1906, si trasferì con la famiglia in Germania durante l'infanzia. Sin da bambina, Maria dimostrò una passione infinita per la matematica e la scienza. Questa passione la portò a intraprendere studi di fisica in un'epoca in cui le donne in ambito scientifico erano rarissime. Nel 1930 conseguì il dottorato all'Università di Göttingen sotto la guida di Max Born, uno dei padri della teoria quantistica. Göttingen, in quegli anni, era il cuore pulsante della fisica, una fucina di menti geniali come Werner Heisenberg ed Enrico Fermi, e Maria seppe ritagliarsi un proprio spazio in quell'ambiente vibrante e competitivo.

Nel 1930 sposò Joseph Mayer, un chimico americano, e si trasferì con lui negli Stati Uniti. Qui, tuttavia, trovò immense difficoltà a ottenere un posto accademico a causa del suo status di donna e moglie di un professore. Per molti anni lavorò senza stipendio come volontaria o ricercatrice ausiliaria. Ma il suo entusiasmo non si spense mai.

Il contributo più importante di Maria Goeppert-Mayer arrivò negli anni Cinquanta, quando elaborò il *"modello a guscio del nucleo atomico"*. Questa teoria rivoluzionò il modo in cui gli scienziati comprendevano la struttura dei nuclei atomici. Fino ad allora, molti fisici faticavano a spiegare perché certi numeri di protoni e neutroni, detti "numeri magici" (come 2, 8, 20, 50, 82, 126), rendessero alcuni nuclei particolarmente stabili.

Maria intuì che il nucleo atomico poteva essere immaginato come una sorta di *"casa a strati"*, in cui i protoni e i neutroni si disponevano secondo livelli energetici ben definiti, proprio come gli elettroni intorno al nucleo. Questa struttura a guscio spiegava i numeri magici con una precisione sorprendente.

Il suo lavoro portò a una scoperta fondamentale: i nuclei stabili seguono leggi simili a quelle dei sistemi elettronici, ma su scale diverse. Maria sviluppò inoltre sofisticati modelli matematici per dimostrare la validità della sua teoria. Nel 1963, insieme ai fisici Hans Jensen ed Eugene Wigner, vinse il Premio Nobel per la Fisica. Era la seconda donna, dopo Marie Curie, a ricevere questo prestigioso riconoscimento.

Un aneddoto interessante riguarda il momento in cui Jensen, che lavorava in parallelo al modello a guscio, capì che Maria aveva già pubblicato risultati simili. Invece di competere, gli scienziati si misero in contatto e decisero di collaborare, un esempio raro di solidarietà nella scienza.

Maria era una persona modesta, dotata di grande umorismo. Non si considerava mai un genio, attribuendo il suo successo alla pazienza e alla passione. In una delle sue rare interviste affermò:

> *"Vorrei che ci fossero più donne nella fisica. Ma è importante che il lavoro che facciamo sia giudicato per il suo valore, non per chi lo porta avanti."*

L'eredità di Maria Goeppert-Mayer va oltre lo sviluppo del modello a guscio. Dimostrò che una mente brillante può superare le barriere di genere e lasciare un segno indelebile nel mondo scientifico. Oggi, molti laboratori e premi scientifici portano il suo nome, ricordando al mondo che il genio non ha limiti di genere, né di tempo.

Sophie Germain (1776-1831

Quando si parla di fisica quantistica, i nomi associati a questa rivoluzionaria branca della scienza sono spesso quelli di uomini. Tuttavia, i fondamenti matematici che resero possibile la nascita e lo sviluppo della teoria quantistica affondano le radici nelle intuizioni di menti brillanti precedenti, tra cui Sophie Germain. Questa matematica francese, vissuta in un'epoca in cui le donne erano sistematicamente escluse dal mondo accademico, ha aperto un cammino decisivo nel campo della teoria dei numeri e della fisica matematica, influenzando indirettamente anche quella che, un secolo dopo, sarebbe diventata la fisica quantistica.

La matematica come rifugio e vocazione.

Sophie Germain nacque a Parigi nel 1776, in piena epoca illuminista, quando la rivoluzione scientifica stava riformulando la concezione dell'universo. Figlia della borghesia francese, Sophie sviluppò una precoce passione per la matematica durante la Rivoluzione Francese, quando, confinata in casa per sicurezza, scoprì la biblioteca del padre. Si innamorò degli scritti di matematici come Isaac Newton e Leonhard Euler e della storia del sacrificio di Archimede, ucciso mentre era intento a studiare le sue figure geometriche. Germain capì che il linguaggio della matematica era una chiave universale per comprendere i misteri dell'universo.

Nonostante l'ambiente ostile al genere femminile, Sophie non si arrese. In un mondo accademico che le era precluso, studiò in modo autonomo e, per corrispondere con i grandi pensatori del suo tempo, adottò lo pseudonimo maschile di "Monsieur LeBlanc". Questo le permise di instaurare un dialogo con luminari come Joseph-Louis Lagrange, che presto scoprì la sua vera identità e la spinse a proseguire i suoi studi.

Un ponte tra numeri e fisica.

La grande svolta nella carriera di Sophie Germain avvenne con i suoi lavori sulla teoria dei numeri, in particolare con il contributo al famoso "*Ultimo Teorema di Fermat*". Germain sviluppò una strategia per affrontare il problema nei casi in cui l'esponente fosse un numero primo, noto oggi come "*primi di Sophie Germain*". Questo risultato non solo rappresentò un'innovazione significativa nel campo della teoria dei numeri, ma gettò anche le basi per ulteriori sviluppi della matematica astratta, cruciale per le future applicazioni in fisica teorica.

Il vero capolavoro di Germain, tuttavia, fu il suo lavoro sulla teoria dell'elasticità. Sophie cercava di comprendere come le superfici vibranti – come quelle delle membrane elastiche – si comportassero sotto diverse condizioni. Il suo studio portò alla formulazione dell'equazione differenziale della vibrazione elastica, una pietra miliare che avrebbe influenzato lo studio delle onde. Questo lavoro non trovò subito il riconoscimento sperato, ma assunse un ruolo cruciale in seguito, quando le onde e le oscillazioni sarebbero diventate una pietra angolare della fisica quantistica per descrivere il comportamento delle particelle subatomiche.

Un secolo dopo, le equazioni di Schrödinger, tra i fondamenti della teoria quantistica, avrebbero mostrato sorprendenti analogie con gli studi di Germain. Le sue intuizioni sul legame tra matematica pura e fenomeni fisici permisero di tracciare un ponte tra due mondi apparentemente distinti.

Sophie Germain morì nel 1831, poco prima di raggiungere i 55 anni, a causa della tubercolosi. Nonostante le sue difficoltà nel farsi accettare nella comunità scientifica dell'epoca, ricevette l'ammirazione di matematici illustri, tra cui Carl Friedrich Gauss, che la descrisse come:

"una delle menti più geniali e coraggiose del suo tempo".

Purtroppo, la sua vita è stata a lungo ignorata nei libri di storia, spesso oscurata dalle figure maschili.

Eppure, il suo lavoro ha avuto un impatto duraturo nel panorama scientifico. La teoria delle onde, le vibrazioni e le sue applicazioni hanno contribuito a definire la matematica come linguaggio fondamentale della fisica moderna. La sua figura simboleggia il potere della tenacia e l'inevitabilità del progresso che trascende le barriere di genere.

Sophie Germain non visse abbastanza per vedere i campi della fisica teorica e della teoria quantistica prendere forma. Tuttavia, il suo lavoro ha gettato alcune basi matematiche fondamentali per queste discipline. Le sue idee sulle vibrazioni e sulle onde risuonano negli studi moderni, come un'eco lontana che collega l'astrazione matematica ai misteri delle particelle subatomiche.

Germain rappresenta una visione prematura ma essenziale di ciò che la fisica quantistica sarebbe diventata – un campo dove la matematica spiega le complessità dell'invisibile.

Nancy Grace Roman (1925-2018).

Nancy Grace Roman è ricordata come la "*Madre di Hubble*". La sua carriera straordinaria ha posto le basi per una rivoluzione scientifica nello studio dell'universo. Grazie al suo lavoro visionario alla NASA, Roman ha trasformato un sogno ambizioso — piazzare un telescopio nello spazio — in una realtà che ha ampliato radicalmente la comprensione umana del cosmo. Ma il suo contributo non si limita al celebre telescopio Hubble. L'interesse di Roman per le tecnologie ottiche, legate ai progressi nel campo della fisica quantistica, ha aperto nuove strade per osservare l'universo.

Nancy Grace Roman nacque nel 1925 a Nashville, Tennessee. Cresciuta in un'epoca in cui le donne erano raramente incoraggiate a studiare scienza, trovò ispirazione nel sostegno della madre, una musicista, e nel padre, un ingegnere geofisico. Fin da bambina, Nancy sognava le stelle. A undici anni, fondò un club di astronomia con amici della scuola. La sua determinazione era già evidente quando decise di studiare fisica e astronomia all'università, nonostante scontrarsi con una cultura accademica fortemente maschile.

Dopo aver ottenuto un dottorato in astronomia all'Università di Chicago nel 1949, Roman lavorò su studi pionieristici legati alla composizione chimica e al movimento delle stelle. Tuttavia, fu il suo salto alla NASA nel 1959 — appena un anno dopo la fondazione dell'agenzia — che la trasformò in una figura chiave della storia dell'astrofisica moderna.

La nascita dei telescopi spaziali.

Quando Roman entrò alla NASA, il cielo non era più soltanto un oggetto di studio teorico. La corsa spaziale tra Stati Uniti e Unione Sovietica stava rimodellando l'interesse scientifico e politico verso l'osservazione dello spazio. Roman divenne la prima donna a occupare un ruolo dirigenziale alla NASA, come responsabile del programma di astronomia. A lungo sottovalutata dai colleghi uomini, Roman seppe distinguersi con il suo carisma e la sua straordinaria capacità di unire visione scientifica e pragmatismo ingegneristico.

Il progetto per un telescopio spaziale era ostacolato fin dall'inizio da problemi logistici, tecnologici e finanziari. Per gli scienziati coinvolti, la sfida era immensa: costruire un sistema ottico in grado di osservarci oltre i limiti imposti dall'atmosfera terrestre. Qui, la fisica quantistica entra nel gioco. Tecnologie di precisione, come rilevatori sensibili ai fotoni e ottiche d'avanguardia, avevano beneficiato di decenni di scoperte nel mondo microscopico. L'utilizzo del principio quantistico del "*fotone singolo*" permise di sviluppare gli strumenti necessari per captare luce proveniente da galassie lontane miliardi di anni luce.

Roman credette fermamente nel progetto Hubble, che prese il nome in onore dell'astronomo Edwin Hubble. Con incrollabile perseveranza, combatté per ottenere finanziamenti dalla NASA e il sostegno del governo americano. Progettato negli anni '70 e lanciato nel 1990, il telescopio spalancò una nuova finestra sull'universo.

Grazie a strumenti basati su tecnologie ottiche sensibilissime, Hubble ha fornito immagini straordinarie che hanno rivoluzionato la nostra comprensione della materia oscura, delle galassie e dell'espansione del cosmo.

La fisica quantistica gioca un ruolo cruciale nei telescopi spaziali moderni. Nancy Grace Roman fu tra i primi dirigenti della NASA a riconoscere l'importanza di sfruttare le innovazioni nel campo della meccanica quantistica. Attraverso dispositivi di rilevazione sofisticati, come i CCD (*Charge-Coupled Device*), il telescopio Hubble ha potuto acquisire immagini dettagliate delle nebulose, delle esplosioni stellari e degli esopianeti. Questi rilevatori sono basati su principi quantistici: trasformano i singoli fotoni di luce catturati dal sistema ottico in segnali elettrici che possono essere elaborati. Le scoperte che seguirono — come la prova che l'universo si sta espandendo ad una velocità accelerata — furono rese possibili da questa fusione tra ottica avanzata e fisica quantistica.

Nancy fu anche una fervente sostenitrice dello sviluppo di telescopi futuri che spingessero ancora più oltre i limiti della conoscenza. Sebbene si fosse ritirata prima del lancio di Hubble, il suo lavoro fu essenziale anche per progetti successivi, come il telescopio James Webb, che utilizza tecnologie ancora più sofisticate, derivanti dagli stessi principi.

Nancy Roman non fu solo una scienziata e una pioniera, ma anche un simbolo di resistenza contro i pregiudizi. In un'intervista, ricordò le parole di un professore universitario che le aveva detto che "*le donne non appartengono alla fisica*". Roman ignorò il consiglio. Dimostrò, invece, che il rigore scientifico e la dedizione possono superare qualsiasi barriera.

Il suo contributo eccede la scienza pura. Roman fu una leader che aprì strade per future generazioni di donne nella scienza e nell'ingegneria. Persone come lei hanno reso possibile un universo dove il cielo non è più un limite.

Nancy Roman amava ricordare che ogni progetto scientifico di successo è il risultato di collaborazioni tra menti brillanti. Ma il cielo osservato dal telescopio Hubble porta inevitabilmente la sua firma. Una firma che, come la luce delle stelle, brilla attraverso il tempo.

Cecilia Payne-Gaposchkin (1900-1979): Idrogeno, elio e fisica quantistica stellare.

Cecilia Payne-Gaposchkin è una figura straordinaria nella storia dell'astrofisica e un esempio di quanto le donne abbiano contribuito in modo decisivo al progresso scientifico. Nata in Inghilterra nel 1900, Payne-Gaposchkin scoprì una delle verità più fondamentali sull'universo: l'idrogeno è l'elemento principale delle stelle, seguito dall'elio. Questa scoperta fu rivoluzionaria e, in larga parte, si basò sull'applicazione dei principi della fisica quantistica alla spettroscopia stellare.

La carriera di Cecilia è strettamente legata a un evento che cambiò la sua vita. Nel 1919, Cecilia ascoltò una conferenza di Arthur Eddington sul fenomeno dell'eclissi solare che confermava la teoria della relatività di Einstein. Fu un'ispirazione profonda. Decisa a seguire gli studi di astronomia, lasciò l'Inghilterra, dove le donne non ricevevano un'istruzione adeguata in scienze, per frequentare Harvard negli Stati Uniti.

A Harvard, nel 1925, quando Cecilia completò il suo dottorato, presentò una tesi che molti considerano uno dei documenti più brillanti nella storia dell'astrofisica. Usando i dati spettroscopici raccolti precedentemente da Henry Norris Russell, Payne-Gaposchkin dimostrò come le righe spettrali degli elementi nelle stelle non riflettessero la loro abbondanza relativa sulla Terra, ma dipendessero dalla temperatura stellare. Fu la fisica quantistica a darle la chiave per questa intuizione.

La spettroscopia stellare misura la luce emessa dalle stelle, scomponendola nello spettro visibile. Le linee scure nello spettro indicano l'assorbimento della luce da parte degli elementi presenti nelle atmosfere stellari. Payne-Gaposchkin comprese che il comportamento di queste linee dipendeva dalla configurazione elettronica degli atomi e dal modo in cui questi rispondono alla temperatura. La fisica quantistica, con le sue leggi sull'energia dei livelli atomici, fornì la struttura teorica per interpretare quei dati complessi.

La sua conclusione fu sconcertante per molti suoi contemporanei: le stelle sono composte principalmente di idrogeno ed elio, mentre elementi più pesanti, come ferro e carbonio, sono presenti in quantità minime. Questo andava contro l'opinione prevalente, secondo cui le stelle avevano una composizione simile a quella terrestre. Henry Norris Russell stesso, all'inizio, mise in dubbio i risultati di Payne-Gaposchkin, ma decenni dopo riconobbe pubblicamente la validità della sua scoperta.

L'integrazione della teoria quantistica.

Alla base delle scoperte di Payne c'erano le equazioni della fisica quantistica, sviluppate da pionieri come Niels Bohr ed Erwin Schrödinger, che spiegavano le transizioni energetiche degli elettroni all'interno degli atomi. Payne utilizzò i modelli quantistici per interpretare le linee spettrali osservate nella luce delle stelle, confrontandole con i dati teorici calcolati dai fisici come Meghnad Saha. Saha sviluppò l'*equazione dello stato ionico*, che Payne sfruttò per comprendere come elementi chimici nelle stelle esistano in grado variabile di ionizzazione a seconda della temperatura .

Uno degli aspetti più interessanti della sua ricerca era il modo in cui riuscì a dimostrare che l'idrogeno, elemento più semplice e leggero, era enormemente più abbondante nell'universo rispetto a quanto si pensasse. Nonostante la sua intuizione fosse corretta, la scienziata dovette affrontare l'opposizione di colleghi influenti, tra cui Henry Norris Russell, che inizialmente respinse la sua interpretazione. Solo anni dopo, Russell stesso confermò i risultati di Payne, dimostrando l'enorme valore delle sue scoperte .

La fisica quantistica svolge un ruolo cruciale per comprendere i processi che avvengono all'interno delle stelle. Payne-Gaposchkin non si limitò a dimostrare la composizione delle stelle, ma contribuì anche a spiegare come l'idrogeno "bruci" attraverso il processo di fusione nucleare per generare energia e produrre elementi più pesanti. La teoria quantistica aiuta a descrivere i meccanismi con cui i nuclei degli atomi superano la loro naturale repulsione elettrostatica grazie al fenomeno del tunneling quantistico. Questo è il cuore della fusione nucleare, il "motore" delle stelle.

Uno degli aspetti più affascinanti della vita di Cecilia è il coraggio con cui ha affrontato le barriere di genere. Lavorava in un ambiente dominato da uomini. Sebbene avesse già apportato contributi fondamentali, non ricevette immediatamente una posizione accademica ufficiale. Nel 1956, divenne la prima donna a essere nominata professore ordinario ad Harvard, rompendo un importante soffitto di cristallo.

Cecilia Payne-Gaposchkin non fu solo una scienziata geniale, ma anche una mentore per molte donne nel campo della scienza. Una delle sue frasi più celebri, un consiglio rivolto ai giovani ricercatori, è questa:

"Non commettete mai l'errore di lasciare che il vostro lavoro venga giudicato dal risultato. I risultati spesso dipendono da fattori che non potete controllare. Il vostro valore risiede nella quantità di sincerità, dedizione e sforzo che mettete nel lavoro stesso."

Di lei si racconta un aneddoto che spiega bene il suo approccio alla scienza e alla vita. Negli anni '30, quando i suoi figli erano piccoli, Payne-Gaposchkin divideva il tempo tra la ricerca e la famiglia. Si dice che una volta, organizzando i dati da un grande telescopio, avesse una pila di carte in una mano e un bambino che piangeva nell'altra. Questo è uno scorcio prezioso della sua umanità: una donna che non solo sfidò i pregiudizi del suo tempo, ma lo fece conciliando ambizioni accademiche e responsabilità personali.

La scoperta di Payne-Gaposchkin cambiò per sempre la nostra visione dell'universo. Le stelle, questi corpi luminosi che popolano il cielo, sono in fondo delle gigantesche fornaci di idrogeno ed elio, dove le leggi della fisica quantistica si manifestano in modo spettacolare. La sua vita e il suo lavoro ci invitano a guardare il cielo non solo con meraviglia, ma anche con gratitudine per il coraggio e il genio che alcune donne hanno saputo apportare alla nostra comprensione del cosmo.

Payne perse molte opportunità a causa dei pregiudizi di genere, ma col tempo ottenne il riconoscimento che meritava. Nel 1956, fu nominata la prima donna presidente del dipartimento di Astronomia ad Harvard, un traguardo significativo non solo per lei, ma per tutte le donne nella scienza.

Cecilia Payne ispirò generazioni di scientifiche e di scienziati, dimostrando come determinazione e pensiero innovativo possano cambiare il corso della conoscenza umana. Le sue scoperte gettarono le basi per lo studio della nucleosintesi stellare, che sarebbe stata approfondita da scienziati come Hans Bethe e Fred Hoyle nei decenni successivi. Come disse la stessa Cecilia:

"La ricompensa del giovane scienziato è l'emozione dello stupore... La ricompensa del vecchio scienziato è il senso di aver contribuito a qualcosa di permanente."

E il contributo di Cecilia Payne è, senza dubbio, eterno.

VIII°. Testimoni attuali.

"Le donne hanno offerto alla fisica nuovi modi di affrontare il mondo microscopico, portando comprensione e precisione." (Leonard Susskind)..

Ada Yonath..

Ada Yonath, nata nel 1939, è una scienziata israeliana che ha rivoluzionato il mondo della biologia molecolare grazie ai suoi studi sulla struttura dei ribosomi. Il suo lavoro ha una connessione sorprendente con la meccanica quantistica, dimostrando come scoperte nel mondo subatomico possano illuminare i processi fondamentali della vita. Ada Yonath, prima donna del Medio Oriente a vincere un Premio Nobel nelle scienze (2009, per la Chimica), ha aperto orizzonti nuovi collegando due campi apparentemente separati: la biologia molecolare e la teoria quantistica.

Il lavoro pioneristico di Asa Yonath si è concentrato sui ribosomi, complessi molecolari essenziali per la sintesi delle proteine. I ribosomi traducono l'informazione genetica contenuta nel DNA in proteine funzionali, vere e proprie "macchine biologiche" che rendono possibile la vita. Per decenni, molti scienziati hanno cercato di capire come i ribosomi funzionassero a livello atomico, ma la complessità della loro struttura molecolare rendeva la sfida quasi impossibile. Yonath ci è riuscita utilizzando una tecnica chiamata cristallografia a raggi X.

Ada Yonath ha sviluppato un metodo innovativo per congelare i ribosomi senza danneggiarne la struttura. Questo approccio, definito *"crio-bio-cristallografia"*, le ha permesso di ottenere immagini dettagliate di questi complessi biologici. Grazie a questa tecnica, Yonath ha analizzato la geometria dei ribosomi con una precisione incredibile, arrivando a identificarne i movimenti atomici con risoluzioni mai viste prima.

La connessione con la meccanica quantistica.

I processi all'interno dei ribosomi sono regolati da interazioni atomiche e subatomiche, un campo di studio che appartiene alla fisica quantistica. Yonath ha dimostrato come il trasferimento di protoni e di altre particelle subatomiche giochi un ruolo cruciale nelle reazioni chimiche che avvengono nei ribosomi. Ad esempio, l'allineamento atomico e le distanze tra le molecole durante la sintesi proteica seguono leggi che possono essere comprese solo attraverso i principi quantistici. Questo collegamento ha aperto una nuova area di ricerca tra biochimica e fisica teorica. Nelle sue interviste, Yonath ha spesso citato la curiosità scientifica come motore del suo lavoro.

> *"Ho sempre desiderato capire come funziona la vita a livello molecolare,"*

ha dichiarato Ada al momento della consegna del Nobel. La meccanica quantistica, con i suoi principi apparentemente controintuitivi, le ha fornito le risposte necessarie.

Ada Yonath è anche un simbolo culturale. Nata a Gerusalemme in una famiglia umile, è cresciuta in condizioni difficili, ma il suo talento e la sua determinazione le hanno permesso di superare ogni ostacolo. Ha studiato in Israele e in seguito ha lavorato in istituzioni internazionali, tra cui il Max Planck Institute in Germania, dove ha condotto parte dei suoi studi sui ribosomi. La sua figura dimostra come lo sviluppo della scienza richieda collaborazione globale e un'apertura mentale verso diverse discipline.

Il lavoro di Yonath è un esempio straordinario di come le donne abbiano contribuito allo sviluppo della scienza moderna. La sua capacità di combinare biologia e fisica dimostra che le frontiere tra i diversi campi della conoscenza possono sempre essere superate. Inoltre, la sua storia ispira l'importanza della perseveranza nella scienza, ricordandoci che le domande più complesse possono trovare risposta solo attraverso creatività e passione.

Ada Yonath non ha solo decifrato i misteri del ribosoma, ma ha anche aperto la strada a futuri studi che combinano biologia e meccanica quantistica. La sua storia invita a guardare oltre i confini disciplinari per comprendere i legami tra il mondo macroscopico della vita e il mondo microscopico delle particelle. Una connessione affascinante, che la scienziata israeliana ha svelato con risultati che cambieranno per sempre la nostra comprensione della vita stessa.

Cornelia Bargmann.

Cornelia Bargmann (nata nel 1961) non è un nome immediatamente associato alla teoria quantistica. Eppure, il suo lavoro nell'ambito delle neuroscienze offre spunti profondi per riflettere su come i principi della fisica quantistica possano intrecciarsi con il funzionamento del cervello umano. Nata nel 1961 a Virginia Beach, negli Stati Uniti, Cornelia ha costruito una brillante carriera come biologa e neuroscienziata. Il suo contributo più celebre riguarda lo studio dei neuroni e dei circuiti neurali che regolano il comportamento animale. Ma c'è un'idea più sottile e avvincente che emerge dal suo lavoro: l'interconnessione tra biologia e fisica fondamentale.

I segnali neuronali come sistemi complessi.

Cornelia Bargmann ha dedicato gran parte della sua carriera a studiare i modelli di attività neuronale in organismi semplici, come il *Caenorhabditis elegans*, un minuscolo nematode. Questo verme, con i suoi 302 neuroni mappati nel dettaglio, ha rivelato segreti sorprendenti sulla complessità dei comportamenti. Bargmann ha scoperto come segnali chimici e impulsi elettrici nei neuroni contribuiscano alla gamma di risposte comportamentali di questi organismi. Questo lavoro, apparentemente specifico, ha implicazioni filosofiche molto più ampie.

In un'intervista, Bargmann ha descritto i segnali neurali come "*dinamici e probabilistici*", una descrizione che ricorda curiosamente il comportamento delle particelle subatomiche studiato in meccanica quantistica. La probabilità, piuttosto che la certezza, sembra governare tanto il comportamento di un elettrone quanto una decisione presa da un neurone in una rete complessa. Qui si intravede il punto di contatto: i neuroni non operano con una logica binaria rigida, ma rispondono a un flusso continuo di variabili. Questo li rende, in un certo senso, "quantistici".

Nel corso degli anni, numerosi studiosi hanno cercato connessioni tra la fisica quantistica e il funzionamento del cervello. Anche se Cornelia Bargmann non è una fisica, il suo lavoro ha stimolato dibattiti sul fatto che la natura del pensiero umano e la percezione della coscienza possano avere radici nel comportamento quantistico delle particelle. Gli studi sui segnali neurali condotti da Bargmann dimostrano che, come nel mondo quantistico, esiste una straordinaria dinamica di interrelazioni e potenzialità nella rete neurale.

In particolare, alcuni teorici hanno suggerito che potrebbe esserci una relazione tra il ruolo dell'indeterminazione quantistica e i meccanismi decisionali del cervello. Questo non implica che i neuroni si comportino letteralmente come particelle subatomiche, ma apre una finestra interessante su come il cervello "calcoli" e risolva l'incertezza. Bargmann stessa, pur restando cauta su correlazioni troppo dirette, ha definito il cervello:

"Un sistema che opera ai margini del caos, dove la complessità porta all'imprevisto".

Cornelia Bargmann ha operato in alcune delle istituzioni scientifiche più prestigiose al mondo, tra cui l'Università di Rockefeller, dove il suo laboratorio ha prodotto scoperte fondamentali sul comportamento animale. È stata anche una figura di spicco nel governo della *"Chan Zuckerberg Initiative"*, una organizzazione creata dal fondatore di Facebook Mark Zuckerberg e da sua moglie Priscilla Chan, dove Cornelia ha cercato di promuovere la ricerca interdisciplinare. La sua filosofia di lavoro riflette una visione olistica: scienza e tecnologia devono collaborare per affrontare domande spinose, sia che riguardino il cervello sia che tocchino questioni più fondamentali legate alla natura della realtà stessa.

Un esempio di collaborazione che ha suscitato attenzione è il dialogo tra neuroscienziati e fisici teorici su piattaforme interdisciplinari. Bastava sfogliare le pagine di *"Nature Neuroscience"* o i report di conferenze internazionali per notare un crescente interesse verso il ruolo delle dinamiche quantistiche nei sistemi biologici complessi. Bargmann, con il suo lavoro pionieristico sui segnali neurali, ha spesso ispirato questi dibattiti.

La domanda se il cervello operi secondo principi puramente meccanici o se contenga una dimensione "quantistica" rimane aperta. Cornelia Bargmann non pretende di rispondere direttamente, ma il suo lavoro ci sfida a guardare il cervello attraverso una lente nuova e ambiziosa. Proprio come la fisica quantistica ha rivoluzionato la comprensione della natura a livello fondamentale, così le neuroscienze, grazie a figure come Bargmann, ci permettono di ridefinire cosa significhi essere umani. Una lezione essenziale della sua ricerca è che tra scienza, filosofia e fisica c'è un'interconnessione profonda: comprendere il cervello significa anche toccare le basi della struttura dell'universo.

Hélène Langevin-Joliot.

Hélène Langevin-Joliot (nata nel 1927) incarna la continuità di una famiglia profondamente legata alla scienza. Nata nel 1927, Hélène è la nipote di Marie Curie, una delle menti più brillanti della fisica moderna, e di Pierre Curie, oltre che figlia dei fisici Frédéric Joliot-Curie e Irène Joliot-Curie, entrambi premi Nobel. Questa eredità non è rimasta un semplice ricordo familiare: Hélène ha saputo trasformarla in una missione scientifica e culturale.

Fisica nucleare di formazione, Hélène Langevin-Joliot ha sviluppato alcuni dei suoi contributi più significativi nel campo della radioattività. Ha studiato i decadimenti nucleari e i misteriosi processi che regolano la struttura del nucleo atomico, temi che avrebbero avuto un ruolo fondamentale nella comprensione delle interazioni deboli e dei fenomeni quantistici applicati alla fisica delle particelle . Con il suo lavoro, Hélène ha continuato una tradizione familiare segnata dall'impegno nella ricerca pura e da una visione del progresso come strumento per migliorare l'umanità.

Un esempio centrale è il contributo di Hélène all'identificazione delle proprietà isotopiche del radioattivo. Questo studio non si esaurì entro i confini del laboratorio, ma ha gettato le basi per sviluppi successivi nella comprensione della meccanica quantistica nei nuclei instabili, aprendo la strada a tecnologie innovative come i reattori a neutroni veloci e gli acceleratori di particelle . La sua capacità di collegare conoscenze sperimentali a modelli teorici ha avuto un forte impatto su fisici che studiavano la correlazione tra radioattività e forze fondamentali.

Hélène non è solo una scienziata. Una delle sue passioni principali è la divulgazione della scienza. In una celebre intervista disse:

> *"Portare la scienza a disposizione di tutti non è soltanto un dovere morale, ma un passo essenziale per costruire una società migliore."*

Questa riflessione dimostra quanto Langevin-Joliot consideri la cultura un elemento essenziale, capace di fondere la fisica quantistica con la contemporaneità. I suoi sforzi di promozione scientifica l'hanno resa una figura di riferimento per le donne nella scienza.

Le sue conferenze, spesso tenute nei più prestigiosi istituti di ricerca e università, non erano solo tecniche, ma affrontavano temi più ampi, come il ruolo delle donne nella scienza e il superamento delle disuguaglianze. La sua eredità non è limitata ai laboratori, ma è un faro di speranza per una scienza accessibile che valorizza il contributo femminile.

Hélène Langevin-Joliot, fedele alla sua eredità, ha sempre sottolineato l'importanza del lavoro di gruppo e delle collaborazioni internazionali. Nonostante l'impressionante peso simbolico derivato dalla famiglia Curie, Hélène ha costruito la sua carriera su un'etica forte e una visione moderna, dimostrando come la radioattività sia un campo ancora centrale per comprendere i misteri quantistici del nostro universo .

Barbara Liskov.

Il nome di Barbara Liskov (nata nel 1939)   è indissolubilmente legato alla rivoluzione dell'informatica. Sebbene non abbia lavorato direttamente nel campo della teoria quantistica, il suo contributo nei linguaggi di programmazione e nella scienza della computazione ha avuto un'influenza indiretta fondamentale anche sull'informatica quantistica. Barbara Liskov, docente emerita al MIT (*Massachusetts Institute of Technology*), è una delle pioniere dell'informatica moderna e la prima donna statunitense a ottenere un dottorato in computer science (nel 1968, alla Stanford University).

Liskov, il cui nome di nascita è Barbara Jane Huberman, è conosciuta soprattutto per il concetto di *"Liskov Substitution Principle"*. Questo principio, sviluppato negli anni '80, ha gettato le basi per una programmazione orientata agli oggetti più sicura ed efficiente. La rivoluzione che ha portato con questo principio si riflette oggi nello sviluppo di software ad alta complessità, un aspetto fondamentale anche per il progresso delle tecnologie computazionali applicate al mondo della fisica quantistica.

Connessione tra i dati e l'era quantistica.

Liskov ha contribuito a cambiare il modo in cui i programmatori gestiscono i dati. Tra i suoi progetti più noti si ricorda *Venus*, uno dei primi sistemi distribuiti. Questo progetto, sviluppato negli anni '70, è stato cruciale per comprendere come i dati possono essere archiviati, organizzati e recuperati in reti su larga scala. I concetti introdotti da Liskov in questi sistemi hanno posto le basi per migliorare la gestione delle informazioni nei sistemi informatici complessi, compresi i computer quantistici.

L'informatica quantistica ha bisogno di gestire enormi quantità di dati in parallelo, sfruttando i fenomeni quantistici come la sovrapposizione e l'entanglement. Il lavoro di Liskov sulla modularità e sull'astrazione nei linguaggi di programmazione ha offerto un linguaggio concettuale utile per affrontare questa sfida. Non stupisce, infatti, che molti di questi sistemi moderni si fondino sul tipo di logica strutturata che Barbara Liskov ha contribuito a creare. Barbara Liskov, interrogata in diverse interviste sul successo delle donne nella scienza, disse una volta:

"È importante non fermarsi mai quando si è davanti a una barriera. Non importa che sia culturale o tecnologica, il progresso è sempre frutto della perseveranza".

La sua perseveranza personale ha ispirato moltissime informatiche e non ha lasciato indifferenti anche i protagonisti del mondo della fisica teorica e dell'informatica quantistica.

Tra gli aneddoti sulla sua carriera, risalta il suo iniziale interesse per la matematica pura. Tuttavia, fu proprio mentre studiava a Stanford che Barbara decise di entrare nel mondo della computazione. Tra i suoi incontri accademici si trovano figure centrali dell'informatica dell'epoca, come John McCarthy, il creatore del linguaggio di programmazione LISP.

Sebbene il suo nome non sia strettamente associato alla fisica, il lavoro di Barbara Liskov rappresenta un ponte cruciale verso il futuro. Per comprendere l'influenza delle sue idee basta guardare alla crescente intersezione tra informatica tradizionale e quantistica. I fondamenti dei linguaggi di programmazione che lei ha trasformato rendono oggi possibile l'ideazione di software destinati ai computer quantistici.

Uno degli esempi più evidenti è il parallelo tra i suoi studi sui sistemi distribuiti e la logica dei *"quantum circuits"*, che sfruttano strategie simili di modularità ed efficienza. La computazione quantistica, in cui algoritmi come quelli di Shor o di Grover stanno riscrivendo il futuro della crittografia e della gestione dei dati, deve molto all'astrazione e alla chiarezza concettuale che studi come quelli di Liskov hanno permesso di sviluppare.

Il contributo di Barbara Liskov alla scienza della computazione non è qualcosa che si limita al passato. È un contributo che evolve e si espande man mano che nuove tecnologie, come l'informatica quantistica, procedono verso il loro pieno potenziale. Liskov ha dimostrato che i principi fondamentali dell'ingegneria dei software sono necessari per affrontare le sfide più complesse. La sua impronta, invisibile ma potente, attraversa lo spazio tra i linguaggi di programmazione del XX secolo e le promesse della computazione quantistica nel XXI. Una donna del passato che continua a plasmare il futuro.

Eva Silverstein e il cosmo quantistico.

Se c'è un luogo in cui si incontrano le frontiere della fisica teorica e le profondità della cosmologia, lì si trova il lavoro di Eva Silverstein. Nata nel 1970, la fisica teorica americana è una delle voci più significative nel campo della teoria delle stringhe, un'area in cui la fisica quantistica si interseca con la gravità. Il suo contributo è stato rivoluzionario: Silverstein ha aperto nuove strade per comprendere i misteri del cosmo quantistico, con implicazioni che spaziano dalla nascita dell'universo alle sue leggi fondamentali.

Una pioniera della teoria delle stringhe.

Eva Silverstein si è formata al più alto livello accademico. Ha ottenuto il dottorato al Princeton Institute for Advanced Study, un luogo iconico che è stato anche la casa intellettuale di Einstein. Qui ha iniziato a lavorare sulla teoria delle stringhe, la principale candidata per unificare la meccanica quantistica e la relatività generale. La teoria delle stringhe propone che la struttura fondamentale della materia non sia fatta di particelle, ma di minuscole stringhe vibranti. In questa visione rivoluzionaria, le regole della fisica quantistica e della gravitazione cessano di essere incompatibili e trovano invece una nuova coerenza.

Silverstein si è distinta molto presto per la capacità di tradurre concetti astratti della teoria delle stringhe in risposte concrete a problemi cosmologici. Negli anni Novanta, il suo lavoro ha attirato l'attenzione di luminari della fisica, come Edward Witten, uno dei più illustri teorici viventi della fisica quantistica e relativistica.

Uno dei contributi più significativi di Eva Silverstein riguarda l'inflazione cosmica, l'epoca immediatamente successiva al Big Bang. Questa fase è quella in cui l'universo si è espanso rapidamente, gettando le basi per la formazione delle galassie e delle strutture cosmiche. Comprendere questo momento richiede di unire cosmologia e fisica quantistica, un'impresa non da poco.

Silverstein ha introdotto modelli basati sulla teoria delle stringhe per descrivere l'inflazione cosmica. Uno di questi è noto come "*axion monodromy inflation*". Questo modello ha ampliato i confini della fisica teorica. Eva ha suggerito che eventi quantistici nelle stringhe primordiali possano spiegare l'espansione accelerata dell'universo, e ha chiarito i dettagli della struttura delle fluttuazioni primordiali, quelle che hanno dato origine alle galassie.

È in questa descrizione che la scienza di Silverstein assume dimensioni poetiche. L'idea che minuscole oscillazioni in un contesto governato quantisticamente da leggi apparentemente invisibili abbiano plasmato l'intero cosmo ci ricorda quanto la nostra realtà sia legata a scale soggette a forze al di là della nostra intuizione immediata.

Il paradigma introdotto da Eva Silverstein ha influenzato fortemente la comunità dei fisici teorici. Le sue ricerche hanno fatto da ponte tra due discipline tradizionalmente separate: la cosmologia, che si occupa delle grandi componenti dell'universo (stelle, galassie e strutture su larga scala), e la fisica quantistica, che invece descrive l'infinitamente piccolo (particelle, fotoni e forze subatomiche).

Anche agli inizi della sua carriera, Silverstein ha collaborato con figure influenti come Joseph Polchinski, un'autorità mondiale nella teoria delle stringhe. Il suo lavoro è sempre stato interdisciplinare, combinando matematica, fisica teorica e una profonda intuizione verso le problematiche cosmologiche. Una volta, in un'intervista, Silverstein ha dichiarato:

"Ogni teoria è come un viaggio senza una destinazione certa. Noi possiamo mettere insieme solo i primi indizi e tentare di costruire un sentiero".

Oggi, Eva Silverstein lavora presso la Stanford University, dove è professoressa di fisica teorica e cosmologia. Il centro in cui lavora è uno dei più importanti per la ricerca scientifica d'avanguardia. Qui, Silverstein continua ad esplorare il connubio tra fisica quantistica, teoria delle stringhe e cosmologia.

Le sue ricerche potrebbero un giorno portare a realizzare uno degli obiettivi più ambiziosi della fisica contemporanea: una teoria del "tutto". Questa teoria includerebbe la gravità quantistica, permettendo di descrivere con un unico insieme di leggi il comportamento dell'universo su scala cosmica e subatomica.

Il contributo di Eva Silverstein è anche un esempio del potere dell'immaginazione nella scienza. La teoria delle stringhe è ancora molto speculativa e difficile da verificare sperimentalmente, ma è un territorio fertile per concetti innovativi. Se un giorno saremo in grado di spiegare in modo definitivo come ha avuto origine l'universo, sarà anche grazie a ricercatori come Silverstein, capaci di ridefinire il possibile.

In un campo tradizionalmente dominato da uomini, il lavoro di Eva Silverstein ha un valore che va oltre quello scientifico. È un simbolo del ruolo crescente che le donne stanno avendo nelle scienze più avanzate. Il suo contributo rientra in una lunga tradizione di studiose che hanno ampliato i confini della fisica. Chi conosce Lise Meitner, Emmy Noether o Maria Goeppert-Mayer non può ignorare il parallelo: donne capaci di cambiare il modo in cui comprendiamo il mondo.

Nonostante la complessità della materia che affronta, Silverstein resta un'ispirazione anche per le nuove generazioni di studiose. Il suo esempio dimostra che per spingersi oltre i confini dell'universo noto, è indispensabile uno spirito critico, ma anche il coraggio di immaginare nuove possibilità. E la fisica quantistica, con i suoi paradossi e le sue leggi controintuitive, sembra fatta apposta per chi, come Eva Silverstein, non teme di esplorare l'ignoto.

Jocelyn Bell Burnell.. Un dono da tre milioni di dollari

Jocelyn Bell Burnell è una delle figure più straordinarie nella storia dell'astrofisica. Nel 1967, quando era appena una giovane ricercatrice, scoprì il primo esempio di pulsar, una stella di neutroni rotante che emette segnali ritmici simili a un battito. Questa scoperta rivoluzionò la comprensione dell'universo, gettando una luce nuova sulle proprietà quantistiche delle stelle più estreme.

Jocelyn Bell Burnell nasce l'11 luglio 1943 a Belfast, in Irlanda del Nord. La sua passione per l'astronomia si sviluppa fin dall'infanzia grazie agli incoraggiamenti del padre, architetto, che lavorava anche alla progettazione di planetari. Sin da subito, Jocelyn sfidò stereotipi e pregiudizi: in quegli anni, le donne erano raramente incoraggiate a intraprendere carriere scientifiche. Nei suoi studi universitari al prestigioso dipartimento di fisica dell'Università di Cambridge, Bell Burnell si dedicò alla costruzione di un radiotelescopio innovativo sotto la supervisione di Antony Hewish, futura figura centrale dell'astrofisica.

La scoperta delle pulsar accadde quasi per caso. All'epoca Jocelyn analizzava manualmente i chilometri di dati prodotti dal radiotelescopio. I segnali che Jocelyn rilevò per la prima volta sembravano anomalie, piccoli impulsi radio che si ripetevano a intervalli di 1,33 secondi. All'inizio, lei e il suo supervisore scherzarono chiamandoli *"Little Green Men"* (piccoli uomini verdi), ipotizzando – molto ironicamente – che potessero essere segnali di un'intelligenza extraterrestre. Ma presto divenne chiaro che si trattava di qualcosa di naturale ma straordinario: queste emissioni regolari erano prodotte da oggetti mai osservati prima, le pulsar.

Le pulsar sono stelle di neutroni, residui di supernovae. Questi corpi celesti estremi hanno una densità impressionante: una cucchiaino di materiale da una stella di neutroni peserebbe quanto una montagna. Le loro proprietà sono profondamente legate alla fisica quantistica. Il meccanismo di emissione delle pulsar deriva dagli elettroni, intrappolati in intensissimi campi magnetici, che si muovono in modo relativistico, emettendo fasci radio come un faro cosmico. Lo studio delle pulsar ha spianato la strada per comprendere concetti complessi nella fisica quantistica, inclusi gli effetti della teoria quantistica dei campi in condizioni estreme e le interazioni elettromagnetiche a livello subatomico.

Jocelyn Bell Burnell non ricevette il Premio Nobel per la sua scoperta. Il riconoscimento del 1974 andò al suo supervisore Hewish e al radioastronomo Martin Ryle. Questa decisione generò un'ondata di indignazione nella comunità scientifica. Il caso di Jocelyn è considerato uno degli esempi più evidenti di "*effetto Matilda*" nella scienza, ovvero la tendenza a ignorare o diminuire i contributi delle donne. Bell Burnell, tuttavia, reagì con grazia. In un'intervista disse:

> *"Penso che sia stata una decisione giusta. Antony è stato fondamentale per costruire il radiotelescopio. La scoperta non sarebbe mai avvenuta senza il suo lavoro".*

Più recentemente, la sua carriera è stata ampiamente riconosciuta e celebrata. Nel 2018, Jocelyn è stata insignita del prestigioso "*Breakthrough Prize in Fundamental Physics*", ricevendo un compenso di 3 milioni di dollari per i suoi straordinari contributi alla fisica, in particolare per la scoperta delle pulsar, oltre al suo impatto nella comunità scientifica.

Invece di trattenere il premio per sé, Bell Burnell ha deciso di donare l'intera somma per finanziare borse di studio dedicate a studenti appartenenti a gruppi sottorappresentati nella fisica (ad esempio donne, persone di minoranze etniche e rifugiati). Questo atto di generosità e impegno riflette il suo desiderio di promuovere una maggiore diversità e inclusività nel mondo scientifico.

La sua decisione è stata molto apprezzata e ha ulteriormente rafforzato il rispetto e l'ammirazione nei suoi confronti all'interno della comunità scientifica globale. Un gesto che sottolinea non solo il suo genio scientifico, ma anche il suo profondo senso etico e umano.

La scoperta delle pulsar ha aperto nuove prospettive non solo per la fisica ma anche per la cosmologia. Negli anni, le pulsar sono state utilizzate per verificare teorie fondamentali come la relatività generale di Einstein. Un sistema di pulsar binarie, scoperto successivamente, confermò l'esistenza delle onde gravitazionali, un fenomeno previsto dalla teoria einsteiniana, e fruttò un Nobel agli scienziati Hulse e Taylor nel 1993.

Jocelyn Bell Burnell è diventata un simbolo non solo della scienza, ma anche della lotta contro la discriminazione di genere. La sua carriera non si fermò alle pulsar. Negli anni successivi, contribuì alla formazione di generazioni di astrofisiche e astrofisici, ricoprendo ruoli accademici come docente e mentore.

Il lavoro di Bell Burnell non riguarda solo stelle lontane, ma anche il modo in cui la scienza viene fatta e chi ne prende parte. La sua storia è un esempio potente di come una dedizione straordinaria alla ricerca scientifica possa dischiudere nuovi orizzonti, rompendo barriere culturali e di genere.

Anny Cazenave.)

Anny Cazenave è una figura rivoluzionaria nella scienza moderna, nota per il suo lavoro pionieristico nella "oceanografia spaziale". Questo termine si riferisce a un campo multidisciplinare che utilizza osservazioni satellitari per studiare gli oceani della Terra e, talvolta, gli oceani di corpi celesti extraterrestri.

Nata nel 1944 in Francia, Anny si è formata come fisica e geodeta, dedicando la sua carriera allo studio della Terra e dei suoi complessi sistemi naturali. La sua ricerca ha trasformato la comprensione degli oceani, del livello del mare e delle dinamiche globali del nostro pianeta. Sebbene il suo campo sia a prima vista lontano dalla teoria quantistica, il suo lavoro sull'altimetria satellitare ha ispirato riflessioni che collegano l'infinitamente grande con l'infinitamente piccolo.

L'altimetria satellitare: una finestra sul mondo.

L'altimetria satellitare misura le altezze della superficie terrestre, in particolare quelle degli oceani. Cazenave ha utilizzato i satelliti per raccogliere dati precisi su come il livello del mare cambia nel tempo. Questi studi si sono rivelati fondamentali per comprendere i cambiamenti climatici. I satelliti come TOPEX/Poseidon e Jason, ai quali Cazenave ha contribuito, hanno infatti fornito informazioni critiche sull'innalzamento del livello del mare e sulla circolazione oceanica.

Ma ciò che rende affascinante l'opera della scienziata non è solo l'impatto ambientale delle sue scoperte, bensì il modo in cui queste hanno rilevato una sottile connessione con le leggi fondamentali della fisica. I movimenti degli oceani, regolati da innumerevoli interazioni fisiche ed energetiche, mostrano dinamiche simili a quelle descritte dai principi della meccanica quantistica.

Il lavoro di Cazenave ha messo in evidenza il legame tra le forze su scala planetaria e i processi microscopici governati dalla meccanica quantistica. Gli oceani, osservati dall'alto attraverso i satelliti, si comportano come un gigantesco sistema dinamico. Le correnti oceaniche e le variazioni del livello del mare rispondono a leggi complessissime, che richiamano ai fenomeni di sovrapposizione e fluttuazione tipici del mondo quantico.

Ad esempio, le analisi condotte sui dati satellitari mostrano come anche piccoli cambiamenti di temperatura o pressione in un punto degli oceani possano avere effetti su larga scala, un concetto non distante dal famoso "*effetto farfalla*" teorizzato nella fisica del caos. Questi effetti riflettono, a livello macroscopico, l'importanza delle piccole perturbazioni, uno dei pilastri alla base della teoria quantistica.

La scienziata britannica Jocelyn Bell Burnell, scopritrice delle pulsar, una volta osservò che:

> *"Le leggi del cosmo si nascondono nei dettagli apparentemente banali."*

Cazenave ha dimostrato che questo vale anche per gli oceani. Uno dei contributi più affascinanti del suo lavoro è la dimostrazione pratica che grandi sistemi naturali, come quello oceanico, possono essere analizzati utilizzando concetti derivati dalla fisica teorica, inclusa la quantistica.

La geofisica e la meccanica quantistica sembrano due mondi separati. Tuttavia, Anny Cazenave ha evidenziato che esistono parallelismi. Proprio come un elettrone si muove intorno a un nucleo in modo non deterministico ma probabilistico, le masse d'acqua degli oceani si spostano in modi complessi influenzati da una rete di fattori esterni. Le onde oceaniche, studiate dall'altimetria satellitare, mostrano effetti di interferenza e sovrapposizione simili a quelli che si osservano nella fisica quantistica.

Questi spunti hanno portato Cazenave a ispirare riflessioni su come la natura possa essere vista attraverso un *"continuum di scale di grandezza"*. I microscopici fenomeni quantistici, come le oscillazioni nel vuoto o l'effetto tunnel, trovano eco nello studio dei modelli che governano i grandi sistemi naturali. Gli oceani, con la loro immobilità apparente ma in realtà pieni di movimento, offrono così una nuova metafora visiva per interpretare l'universo.

Anny Cazenave non si è occupata solo dell'altimetria satellitare. Ha lavorato anche sulla gravità terrestre, usando misure satellitari per tracciare movimenti delle masse del pianeta, come i cambiamenti nelle calotte glaciali. Tuttavia, è il legame tra i suoi studi sugli oceani e la fisica quantistica a suscitare grande curiosità. Comprendere come l'energia si muove tra sistemi così vasti non è solo una questione di oceani. È una questione universale.

Oggi, Cazenave è considerata una delle massime autorità nel campo della scienza terrestre. La sua carriera dimostra come la scienza possa unire discipline diverse e apparentemente distanti. A volte, i grandi misteri dell'universo non si trovano solo osservando stelle lontane. Possono emergere osservando con precisione il movimento delle onde sotto i nostri occhi.

Adriana Ocampo.

Adriana Ocampo rappresenta una figura straordinaria nella scienza planetaria e nella sua relazione con i modelli quantistici. Adriana, nata a Barranquilla, in Colombia, nel 1955, non solo ha plasmato il campo della geologia planetaria, ma ha anche contribuito a collegare il mondo macroscopico dei pianeti con l'intricato universo quantistico. Il suo lavoro dimostra come le leggi dell'infinitamente piccolo possano fornire una chiave di lettura per fenomeni di scala cosmica.

Adriana è nota principalmente per la sua leadership nel progetto che ha portato alla scoperta del cratere di Chicxulub, in Messico, risultato dall'impatto che causò l'estinzione dei dinosauri circa 66 milioni di anni fa. Questo cratere non è solo un punto di impatto, ma un segno tangibile di come le interazioni fisiche, dalle onde d'urto agli effetti termodinamici, possano essere spiegate anche in termini di modelli quantistici. Adriana Ocampo, in diverse interviste, ha evidenziato l'importanza delle dinamiche atomiche sottostanti:

"Ogni impatto planetario racconta una storia che possiamo decifrare grazie alla fisica, dalla scala microscopica a quella planetaria".

Come può un campo apparentemente lontano come la geologia planetaria rapportarsi alla teoria quantistica? Qui Ocampo ha tracciato un percorso unico. Gli impatti planetari, come quello che ha creato il cratere di Chicxulub, generano processi fisici intensi, come la fusione di minerali e i picchi di energia estremi. Gli studi condotti seguendo le sue intuizioni hanno dimostrato che a livello atomico e subatomico, le variazioni della struttura cristallina nei minerali colpiti da impatti violenti rivelano fenomeni di riorganizzazione quantistica. Questi processi sono fondamentali per analizzare l'energia e le reazioni chimiche occorse miliardi di anni fa.

Un esempio emblematico è l'analisi dei grani di quarzo scioccati, rinvenuti nel sito di Chicxulub. Questi grani mostrano deformazioni che possono essere modellate usando principi quantistici. Gli impatti ad alta energia modificano la disposizione degli atomi, creando nuove strutture che sfidano le teorie classiche. Per Ocampo, queste osservazioni non sono solo testimoni dell'evento, ma una finestra su reazioni atomiche precise regolate dalla meccanica quantistica.

La visione integrata di Adriana Ocampo.

Un aspetto chiave del lavoro di Adriana Ocampo è la sua capacità di connettere discipline diverse. Grazie a collaborazioni con fisici e chimici, ha sviluppato nuovi strumenti per analizzare i crateri da impatto, utilizzando modelli avanzati derivati dalla teoria quantistica. La sua abilità di guardare oltre i confini tradizionali ha ispirato progetti globali. Un esempio è il suo contributo alla NASA: Ocampo ha guidato numerose missioni per esplorare non solo Marte, ma anche Corpi Celesti più lontani, come Plutone. Queste missioni hanno impiegato strumenti altamente sofisticati basati sulle interazioni quantistiche tra particelle, per analizzare le superfici planetarie e le composizioni atmosferiche.

Adriana Ocampo ha anche sottolineato il legame tra scienza e cultura. Durante una visita al Messico nel 2010, ha parlato della connessione tra il cratere di Chicxulub e l'eredità Maya. Secondo Adriana:

"le scoperte scientifiche ci ricordano quanto il passato sia una guida per il futuro".

Questo senso di connessione culturale e scientifica ha ispirato giovani donne in tutto il mondo, specialmente provenienti da America Latina, a intraprendere carriere nella scienza.

Adriana Ocampo continua a lavorare per unire scienza planetaria e fisica quantistica. Il suo contributo non solo evidenzia il ruolo delle donne nella scienza, ma dimostra anche come la visione interdisciplinare può aprire nuovi orizzonti. Nell'universo quantistico di cui ci parla lei, passato e futuro si intrecciano, unendo il microscopico e il cosmico in una danza che ci svela i segreti dell'universo.

Lene Vestergaard Hau.

Bloccare la luce. Sembra il titolo di un romanzo di fantascienza. Ma è ciò che Lene Vestergaard Hau, fisica danese, è riuscita a fare nei suoi laboratori. Nel 1999 Lene ha guidato un esperimento rivoluzionario che ha cambiato la nostra comprensione della luce e della sua relazione con la materia..

Nata nel 1959 a Vejle, una piccola città della Danimarca, Lene Hau mostrò fin da giovane una spiccata curiosità per le scienze. Dopo una laurea in fisica teorica all'Università di Aarhus, proseguì gli studi presso l'Università di Harvard, negli Stati Uniti. Fu lì che, sotto l'influenza di un vivace ambiente accademico, si dedicò allo studio delle interazioni tra luce e materia, un campo strettamente legato alla teoria quantistica.

Nel 1999, al *"Massachusetts Institute of Technology"* (MIT), Hau condusse un esperimento che sembrava sfidare le leggi della fisica classica. Lei e il suo team utilizzarono un condensato di Bose-Einstein, uno stato della materia previsto teoricamente da Albert Einstein e Satyendra Bose nel 1924. Questo condensato si forma a temperature vicinissime allo zero assoluto, dove gli atomi si comportano come un'unica entità quantistica. Hau riuscì a rallentare la luce fino a una velocità di appena 17 metri al secondo, la velocità di una bicicletta. L'anno successivo, nel 2001, superò se stessa: fermò completamente un raggio di luce per una frazione di secondo.

L'esperimento di Hau non era solo uno spettacolo tecnico. Era un viaggio nell'incredibile mondo della fisica quantistica. On una conferenza Lene Hau spiegò:

"Fermare la luce significa congelare l'informazione che essa trasporta e trasferirla in un altro sistema, come gli atomi. Pensate alle possibilità: potremmo domani costruire computer quantistici rivoluzionari basati su questa idea."

Le sue parole spingevano i confini della conoscenza umana e accendevano la fantasia.

Ma come è stato possibile? Hau iniettò un gas speciale – sodio super-raffreddato – in un campo magnetico. La luce attraversava questo gas densissimo, perdendo velocità e persino fermandosi. Quando il raggio veniva spento, l'informazione rimaneva "impressa" negli atomi congelati, per poi essere rilasciata sotto forma di luce. Tutto ciò era reso possibile dalle strane regole della meccanica quantistica, dove luce e materia si comportano in modo duale: talvolta come onde, talvolta come particelle.

L'impatto dell'esperimento di Lene è stato enorme. Ha aperto nuove strade nella fisica e nelle telecomunicazioni. La possibilità di manipolare la luce con tale precisione potrebbe trasformare la trasmissione dei dati. Nei decenni successivi, ciò ha alimentato ricerche sulla computazione quantistica, sui sistemi di memoria ottica e sulle reti di comunicazione ultrasicure.

Lene Hau, oltre a essere scienziata, è un'appassionata di arte e letteratura. Ama ricordare le connessioni fra scienza e creatività. In un'intervista, una volta disse:

"Fare scienza è come raccontare una storia.
Cerchiamo di dare un senso al mondo attorno a noi.
Solo che lo facciamo con le equazioni."

Questa connessione fra logica matematica e immaginazione l'ha posta all'avanguardia della scienza contemporanea.

Il suo lavoro ha ricordato al mondo che le donne non sono solo parte della storia della scienza moderna: ne sono il motore. Il laboratorio di Hau è ancora oggi un punto di riferimento per gli studi sulla luce e la materia. La sua capacità di infrangere i limiti della conoscenza e di ispirare le generazioni future dimostra che la scienza, come diceva Marie Curie, "*è bellezza e progresso insieme.*"

Fabiola Gianotti.

Nella storia della scienza moderna, il contributo femminile è spesso stato ignorato o sottovalutato. Tuttavia, donne brillanti hanno lasciato un segno indelebile nel progresso della fisica, ed è impossibile parlare dello sviluppo della teoria quantistica senza riconoscere il ruolo rivoluzionario di molte di loro. Tra queste, spicca Fabiola Gianotti, un nome oggi sinonimo di eccellenza scientifica e leadership.

Fabiola Gianotti, fisica italiana di straordinario talento e prima donna a diventare Direttrice Generale del CERN, rappresenta una pietra miliare nella storia della scienza. Il suo incarico che ha assunto nel 2016, le ha conferito una responsabilità immensa: guidare l'"*Organizzazione Europea per la Ricerca Nucleare*" attraverso alcuni dei più ambiziosi esperimenti mai tentati dall'umanità nella fisica delle particelle.

La sua fama si deve in particolare a un momento cruciale per la fisica moderna: la scoperta del bosone di Higgs. Erano gli anni 2010-2012, e il CERN stava utilizzando l'imponente "*Large Hadron Collider*" (LHC) per esplorare i confini dell'universo subatomico. Come Coordinatrice di "ATLAS", uno degli esperimenti principali associati all'LHC, Gianotti ha guidato circa 3.000 scienziati provenienti da tutto il mondo. Il loro lavoro portò, nel luglio 2012, alla conferma sperimentale del bosone di Higgs, celebre anche come "*la particella di Dio*". Questo evento segnò la conferma dell'ultimo tassello mancante del

Modello Standard, il cuore della teoria quantistica, ed ebbe un impatto profondo sia in campo scientifico che culturale.

La Gianotti non è solo una brillante scienziata, ma anche un simbolo di resilienza e determinazione. Nata a Roma nel 1962, si è laureata in fisica all'Università degli Studi di Milano. Da giovane, le sue aspirazioni andavano oltre la fisica: era appassionata di musica e, per un periodo, sognò una carriera come pianista. Tuttavia, il richiamo delle particelle subatomiche si rivelò più potente, portandola ben presto a dedicarsi pienamente alla ricerca. Questo dettaglio della sua biografia aggiunge una dimensione umana e affascinante al suo profilo, mostrando come scienza e arte possano coesistere in una personalità brillante.

Sotto la sua guida, il CERN ha intrapreso nuovi traguardi. Non contenta di aver scritto una delle pagine più importanti della fisica delle particelle, Fabiola Gianotti è stata riconfermata per un secondo mandato come Direttrice Generale, prolungando il suo incarico fino al 2025. È stata la prima persona nella storia del CERN a ottenere un doppio mandato consecutivo, un riconoscimento non solo del suo valore scientifico, ma anche delle sue capacità di leadership e visione strategica.

La scoperta del bosone di Higgs, un'impresa alla quale il nome di Gianotti resterà per sempre legato, è stata celebrata in tutto il mondo. Nel 2013, il premio Nobel per la fisica fu assegnato a François Englert e Peter Higgs, gli scienziati che avevano teorizzato l'esistenza del bosone negli anni '60. Tuttavia, Fabiola Gianotti fu menzionata nel discorso dell'Accademia Reale Svedese delle Scienze come figura chiave per il lavoro sperimentale che rese possibile questa importantissima conferma.

Il CERN, situato al confine tra Svizzera e Francia vicino a Ginevra, è il più grande laboratorio di fisica al mondo. Ha ospitato menti geniali di tutte le epoche: da Niels Bohr a François Englert, fino ai più recenti pionieri della teoria quantistica. Tuttavia, fino all'arrivo della Gianotti, tutte le figure dirigenziali erano state esclusivamente uomini. La sua nomina ha rappresentato una svolta, non solo per il CERN, ma per l'intera comunità scientifica.

Come donna leader in un campo ancora largamente dominato dalla presenza maschile, Fabiola Gianotti ha infranto stereotipi e aperto la strada per le future generazioni. Lei stessa ha dichiarato in più occasioni che *"la scienza è per tutti"* ed è convinta che l'unione di menti diverse – provenienti da paesi, culture e generi differenti – sia essenziale per affrontare le grandi sfide del nostro tempo.

Fabiola Gianotti è una figura che onora la tradizione delle grandi innovatrici della fisica, dal contributo di Marie Curie agli inizi della fisica quantistica, all'apporto di Lise Meitner, pioniera nella scoperta della fissione nucleare. Il suo ruolo al CERN, in un'epoca in cui la teoria quantistica si spinge verso nuovi orizzonti con fenomeni come l'entanglement quantistico e le teorie delle superstringhe, è l'esempio perfetto di come il genio femminile continui a ridefinire i confini della conoscenza umana.

In un mondo dove scienza e società sono sempre più intrecciate, la storia di Fabiola Gianotti non è solo quella di una scienziata, ma di una portatrice di cambiamento. Il contributo delle donne alla teoria quantistica, di ieri e di oggi, risplende più luminoso che mai. Le prossime generazioni non potranno che rimanere ispirate dalle sue imprese e dal cammino da lei tracciato.

Sfide e ostacoli.

Fabiola Gianotti ha dovuto affrontare diverse sfide e ostacoli lungo il percorso della sua carriera in un campo spesso dominato dagli uomini. Anche se lei stessa non si sofferma frequentemente su dettagli specifici, è possibile delineare alcune delle difficoltà che molti ritengono parte della sua esperienza, basandosi sul contesto culturale e professionale in cui ha operato.

La prima difficoltà consiste nel dover rompere gli stereotipi di genere. Gianotti ha intrapreso la sua carriera scientifica in un'epoca in cui le donne erano ancora significativamente sottorappresentate nelle discipline STEM (Scienza, Tecnologia, Ingegneria e Matematica). Questo significava spesso confrontarsi con pregiudizi impliciti (e talvolta espliciti) legati all'idea che le donne non fossero naturalmente portate per ruoli di leadership scientifica o per affrontare problemi complessi in campi come la fisica delle particelle.

Un'atra grande difficoltà è la possibilità di accesso a ruoli di leadership. La scalata ai ruoli dirigenziali per una donna in un ambiente come il CERN non è semplice. Storicamente, le posizioni di leadership nei centri di ricerca scientifica erano quasi esclusivamente occupate da uomini. Gianotti ha spesso sottolineato come il duro lavoro, la dedizione e il merito abbiano giocato un ruolo centrale nel superamento di molte barriere che solitamente limitano l'avanzamento delle donne.

Questo contesto è aggravato da fatto di essere una pioniera. Essere la prima donna a raggiungere una posizione di rilievo come Direttrice Generale del CERN significa anche dover affrontare il peso della rappresentazione. Gianotti ha spesso parlato di quanto sia importante essere un modello per le giovani scienziate, ma ciò comporta una pressione aggiuntiva, poiché le sue azioni e decisioni sono osservate con maggiore attenzione rispetto a quelle dei suoi colleghi maschi.

Come scienziata, Gianotti ha lavorato in gruppi nei quali la presenza femminile era spesso una minoranza. Questa realtà può creare un senso di isolamento o rendere più difficile per le donne trovare vere mentori o alleati che comprendano appieno le loro esperienze. Inoltre, in molti contesti, le donne sono spesso messe alla prova più degli uomini, dovendo dimostrare continuamente il loro valore.

Gianotti ha dichiarato più volte che la scienza è una vocazione che richiede dedizione totalizzante. Per le donne, c'è spesso una pressione aggiuntiva legata al bilanciamento tra carriera e aspettative personali o familiari. Sebbene non abbia mai parlato apertamente di difficoltà personali in questo ambito, è un tema che molte scienziate devono affrontare.

Fabiola Gianotti ha sempre risposto alle difficoltà con una combinazione di passione assoluta per la scienza, competenza indiscutibile e un carattere che unisce umiltà e determinazione. Ha spesso difeso l'importanza della diversità nella scienza, sottolineando come una maggiore inclusione di donne e persone con background differenti possa portare a una più ricca collaborazione scientifica. Ha lavorato per creare un ambiente più equo e inclusivo, incoraggiando giovani donne a credere nelle loro capacità e a perseguire con determinazione i loro obiettivi.

In definitiva, pur non soffermandosi apertamente sulle sfide personali che ha affrontato come donna, Fabiola Gianotti è diventata un esempio vivente di come sia possibile eccellere in un ambiente storicamente difficile grazie al talento, alla dedizione e all'impegno per un cambiamento culturale nel mondo scientifico.

IX°. La sfida continua ancora oggi.

"L'esplorazione del mondo quantistico rivela il potenziale creativo e intellettuale senza distinzioni." (Lisa Randall)

Restituire dignità alla storia della scienza.

La storia della teoria quantistica ha contorni brillanti e intricati. È una storia di intuizioni straordinarie, formule rivoluzionarie e menti visionarie. Tra queste menti, vi sono numerose donne il cui lavoro è stato fondamentale per costruire quella che oggi chiamiamo "la fisica moderna". Tuttavia, il riconoscimento delle loro scoperte e contributi è spesso stato oscurato. E la sfida, ancora oggi, è restituire a queste brillanti scienziate il posto che meritano nella storia della scienza.

Troppo spesso le figure femminili sono state dimenticate o marginalizzate nei manuali di studio. Come esempio significativo, possiamo citare Emmy Noether, una matematica tedesca il cui "Teorema di Noether" ha stabilito il legame tra simmetrie e leggi di conservazione. È un risultato fondamentale non solo per la fisica quantistica, ma per tutta la scienza moderna. Albert Einstein, da molti considerato un genio senza pari, descrisse Noether come "il più importante talento matematico dell'epoca". Eppure, per anni a Emmy fu impedito di insegnare nelle università tedesche semplicemente perché era una donna.

Un altro nome che non può essere dimenticato è quello di Chien-Shiung Wu, una donna fisica sino-americana. Dopo immensi sacrifici personali per costruire la sua carriera scientifica, Wu giocò un ruolo chiave in uno degli esperimenti più importanti della metà del XX secolo: la confutazione della legge di conservazione della parità. Il Nobel, però, fu assegnato solo ai colleghi maschi di Chien-Shiung Wu, Tsung-Dao Lee e Chen-Ning Yang. Le mani e la mente di Chien-Shiung Wu furono decisive nel progetto, ma la sua figura rimase nell'ombra..

Anche la Maria Goeppert Mayer merita menzione. Fu solo la seconda donna nella storia, dopo Marie Curie, a ricevere il Nobel per la Fisica. Il suo contributo? Sviluppò il modello a guscio del nucleo atomico, un lavoro cruciale per la comprensione della struttura delle particelle subatomiche. Nonostante ciò, per molti anni Goeppert-Mayer lavorò senza ricevere un salario, relegata in un laboratorio dove continuava a produrre scienza rivoluzionaria in condizioni che oggi verrebbero considerate inaccettabili.

Non possiamo trascurare figure come Lise Meitner, co-scopritrice della fissione nucleare, o Marietta Blau, pioniera nello sviluppo delle emulsioni fotografiche per studiare particelle subatomiche. A Marietta fu negato il meritato riconoscimento semplicemente perché il suo lavoro fu attribuito ai colleghi maschi che lo usarono a loro vantaggio. Sono storie di opportunità rubate e di memoria offuscata. Storie che, purtroppo, si ripetono.

Ma perché queste discriminazioni sono ancora rilevanti oggi? Perché, anche nel XXI secolo, le donne in fisica lottano per la parità di riconoscimenti. Ancora oggi, solo una piccolissima percentuale dei Premi Nobel scientifici viene assegnata a donne. Ancora oggi, molte giovani scienziate si trovano senza mentori femminili, senza modelli che testimonino che è veramente possibile costruire una carriera scientifica ai più alti livelli.

La fisica teorica parla di simmetrie, ma la simmetria in questa storia manca. Per questo è fondamentale continuare a far emergere i nomi di chi, con talento e determinazione, ha superato ostacoli apparentemente insormontabili.

La scienza è un'impresa collettiva. Eppure, se dimentichiamo le sue protagoniste, perdiamo metà della sua storia. È ora di restituire dignità, spazio e visibilità a chi, nonostante tutto, ha contribuito a plasmare il nostro mondo. Non per riscrivere la scienza, ma per correggere la narrativa. In fondo, come scrisse Virginia Woolf

"Dietro ogni grandioso progresso ci sono fiumi di geni silenti".

Tocca a noi ascoltarli e dar loro voce.

Iniziative attuali.

Negli ultimi anni, molte iniziative si sono impegnate a sostenere le donne nella fisica e nelle discipline STEM (Scienza, Tecnologia, Ingegneria e Matematica), affrontando pregiudizi di genere e promuovendo il riconoscimento del loro contributo storico. Questi programmi mirano a superare barriere sistemiche e garantire maggiore inclusività.

Tra i progetti più influenti si trova *"For Women in Science"*, organizzato dall'UNESCO in partnership con L'Oréal. Questo programma globale assegna borse di studio e premi per giovani scienziate, evidenziando il valore delle donne nella ricerca e sensibilizzando sul tema dei pregiudizi di genere .

Un'altra iniziativa significativa è il *"Women in Physics Group"* dell'*"American Physical Society"* (APS). Questo gruppo fornisce mentoring, borse di studio e risorse, organizzando conferenze per discutere le sfide di genere. Allo stesso modo, l'*"International Union of Pure and Applied Physics"* (IUPAP), attraverso il suo *"Working Group on Women in Physics"*, raccoglie dati sulle difficoltà affrontate dalle donne nella disciplina e sviluppa strategie per migliorarne la situazione globale .

Il *"Project Juno"*, promosso dall'*"Institute of Physics"* (Regno Unito), lavora per aiutare le istituzioni scientifiche a implementare politiche inclusive e a sostenere le ricercatrici, migliorando l'equilibrio di genere . Al contempo, il *"Consiglio Europeo della Ricerca"* (ERC) si impegna a facilitare l'accesso delle donne ai finanziamenti per la ricerca avanzata, riconoscendo il valore del loro lavoro scientifico .

In questo panorama, l'*"Ada Lovelace Day"*, celebrato ogni anno, rende omaggio alle conquiste femminili nelle STEM con eventi globali dedicati a raccontare storie di successo . Anche organizzazioni come *"Girls Who Code"* ispirano le giovani donne a intraprendere carriere scientifiche e tecnologiche, incluse quelle legate alla fisica

La rete globale *"500 Women Scientists"*, invece, promuove la collaborazione fra scienziate per aumentare la visibilità delle donne nella ricerca e sensibilizzare sull'importanza della diversità .

Riconoscere le sfide storiche.

Molti di questi progetti affrontano barriere storiche, come la mancanza di rappresentazione. Campagne ed eventi ricordano figure come Emmy Noether (madre dell'algebra astratta), Chien-Shiung Wu (pioniera nella fisica nucleare) e Lise Meitner (parte del team che scoprì la fissione nucleare), rivelando storie spesso ignorate dalla storia ufficiale .

I programmi includono anche corsi contro i pregiudizi inconsapevoli e percorsi di mentoring per supportare le giovani ricercatrici nello sviluppo della loro carriera .

Nel campo della ricerca avanzata, il *"Women in Quantum Summit"* dà visibilità al lavoro delle donne nel quantum computing, affrontando le sfide legate al genere . Inoltre, con incontri come *"She Talks Science"*, le scienziate condividono esperienze personali, ispirando altre donne a perseguire carriere nelle STEM .

Queste iniziative non solo mettono a disposizione strumenti concreti, ma contribuiscono a riscrivere la narrazione storica, sottolineando il fondamentale contributo delle donne nella scienza. Con queste basi, il futuro della ricerca scientifica potrebbe finalmente diventare più equo e inclusivo .

La sfida del riconoscimento: le donne nella teoria quantistica.

La fisica moderna deve molto alle donne. Eppure, il riconoscimento del loro contributo alla scienza, e in particolare alla teoria quantistica, è rimasto spesso nell'ombra. Questo squilibrio non è solo una questione di giustizia storica; trascurare il ruolo delle donne significa raccontare una storia incompleta del progresso scientifico. La sfida oggi è riconoscere, valorizzare e integrare il loro contributo nella narrazione ufficiale della scienza.

Oggi il riconoscimento del contributo delle donne alla teoria quantistica non è solo una questione storiografica. È un modo per rendere la scienza più inclusiva e per correggere un'immagine distorta del progresso scientifico. Un'immagine che, finora, ha oscurato la complessità e la diversità di chi ha contribuito a espandere i confini della conoscenza.

Esistono segnali di cambiamento. Programmi e iniziative in tutto il mondo lavorano per incoraggiare e supportare le donne nella scienza. Tuttavia, serve di più: la ricostruzione della narrativa storica non può essere un semplice esercizio accademico. Deve essere un'opportunità per ispirare nuove generazioni di giovani fisiche a credere nel potere delle loro intuizioni. La teoria quantistica, dopotutto, ci insegna che l'osservazione può trasformare la realtà. Allo stesso modo, riconoscere il valore delle donne nella scienza può cambiare la storia che raccontiamo—a loro e a noi stessi.

Statistiche utili.

Trovare dati statistici aggiornati sulla rappresentanza femminile nelle principali istituzioni di ricerca in fisica quantistica può essere complesso, ma alcuni strumenti e organizzazioni possono fornire un'ottima base di partenza:

UNESCO e Report STEM: L'UNESCO pubblica regolarmente rapporti sull'equilibrio di genere nelle discipline STEM (Scienza, Tecnologia, Ingegneria e Matematica), che includono dati sui ricercatori in fisica. Sebbene non sempre specifiche per la fisica quantistica, queste risorse offrono un quadro generale dell'andamento in ambito globale.

"American Physical Society". (APS): L'APS fornisce studi specifici sulla rappresentanza femminile in fisica, incluse statistiche sulla partecipazione delle donne in differenti sottocampi della fisica, come la fisica quantistica.

"Women in Quantum": Questa iniziativa si concentra sull'incremento della presenza femminile nella fisica quantistica e nelle tecnologie associate. È possibile trovare

rapporti e statistiche specifiche tramite il loro network o partecipando a conferenze e webinar organizzati da loro.

L'"*European Platform of Women Scientists*" (EPWS) e il "*Gender Equality Plan*" (GEP) adottato presso istituzioni come l'"*European Research Council*" (ERC), potrebbero offrire dati pertinenti sul numero di donne coinvolte in progetti di ricerca, comprese quelle sulla fisica quantistica.

Molti istituti di ricerca pubblicano annualmente il loro "*Gender Equality Report*". I leader in fisica quantistica, come il CERN o istituti di ricerca specializzati, potrebbero avere informazioni sulla rappresentanza femminile all'interno dei loro programmi.

Riflessione sull'interconnessione tra le scienze e la filosofia, ampliata dalle prospettive delle donne.

La teoria quantistica ci ha insegnato a vedere il mondo in modi radicalmente nuovi. Tuttavia, il cammino delle donne in questo campo rivoluzionario è stato pieno di sfide. Nonostante i contributi fondamentali che alcune scienziate abbiano offerto alla fisica quantistica, il loro lavoro è stato spesso trascurato, quando non addirittura ignorato.

Il problema non si limita al passato. Anche oggi, le donne nella scienza affrontano discriminazioni più sottili. Per esempio, sono meno spesso invitate a conferenze internazionali come relatrici principali. Questo fenomeno ha conseguenze dirette: le loro idee tendono a circolare meno, con il rischio di impoverire il dibattito. La comunità scientifica, di conseguenza, può perdere prospettive innovative.

Ed è qui che le interconnessioni tra scienza e filosofia diventano fondamentali. La scienza quantistica ha sempre posto domande di natura filosofica: esiste una realtà oggettiva? Può il mondo esistere indipendentemente dall'osservatore? A queste domande uomini e donne hanno cercato di rispondere, ma per molto tempo sono state privilegiate solo alcune voci.

Per le donne, l'approccio alla scienza è stato talvolta segnato da una maggiore attenzione alle implicazioni etiche e filosofiche. La matematica Emmy Noether, importante figura poi legata alla teoria dei campi quantistici, aveva una consapevolezza rara: la necessità di collegare i principi matematici ai concetti di simmetria e di conservazione, anch'essi centrali per comprendere la bellezza dell'universo fisico. La simmetria, per Noether, non era solo una proprietà matematica. Simboleggiava anche un ideale di armonia tra il mondo delle idee e quello della natura.

Oggi, scienziate come Karen Barad – fisica teorica e filosofa – continuano a espandere queste connessioni. Barad è famosa per il suo concetto di intra-azione, un'idea che unisce fisica quantistica e filosofia. Secondo Barad, le particelle non sono entità isolate, ma esistono solo nel momento in cui interagiscono tra loro o con un osservatore. Barad, una donna che integra fisica e femminismo nel suo pensiero, offre una nuova lettura del significato di "relazione" nella scienza.

Questa prospettiva femminile ha contribuito a riorientare alcune domande fondamentali. Qual è il ruolo dell'osservatore? Come si costruiscono le narrazioni della natura? E, più importante, chi viene incluso nel racconto?

Il campo della scienza ha bisogno di una pluralità di voci per crescere. Nella cultura contemporanea, dove la fisica quantistica è entrata anche nell'ambito della letteratura e dell'arte, riconoscere i contributi delle donne non è solo una questione di giustizia storica. È un invito a esplorare il mondo attraverso un prisma più ricco, in cui la scienza incontra la filosofia, e la parità diventa strumento di conoscenza.

L'astrofisica americana Vera Rubin amava dire:

"La scienza non è maschile né femminile. È la ricerca della verità".

Se davvero vogliamo onorare questa idea, dobbiamo ampliare lo spazio per le verità raccontate anche dalle donne, in ogni campo, incluso quello affascinante e misterioso della teoria quantistica.

La sfida continua.

La fisica quantistica è uno dei campi più complessi e affascinanti della scienza moderna. Tuttavia, anche oggi, le donne che contribuiscono a questo ambito devono affrontare ostacoli significativi, tra cui il persistente divario di genere. Nonostante ciò, il panorama contemporaneo vede la presenza di ricercatrici straordinarie che hanno portato avanti l'eredità delle pioniere del passato con innovazioni cruciali.

Nonostante i successi, le questioni di genere persistono. Uno dei problemi principali è quello della rappresentanza. Uno studio dell'UNESCO del 2023 ha evidenziato che solo il 28% dei ricercatori in fisica sono donne. In settori specializzati come la fisica quantistica, questo numero scende drasticamente. Un esempio concreto è dato dai grandi istituti di ricerca come il "*Max Planck Institute*", dove il numero di donne leader è inferiore al 10%.

Perché c'è ancora questo divario? Molte motivazioni risiedono nei pregiudizi sistemici e nei modelli culturali. Spesso si tende a immaginare il fisico quantistico come un uomo, un retaggio legato alle figure di Einstein, Schrödinger e Bohr. I media, i libri di testo e persino i programmi educativi raramente enfatizzano i contributi femminili.

n esempio significativo di come le nuove generazioni si facciano strada è dato da Maria Spiropulu, fisica greco-americana del "*California Institute of Technology*". Maria lavora nel campo dell'uso delle reti quantistiche per applicazioni come l'intelligenza artificiale avanzata. Cresciuta in una famiglia povera in Grecia, racconta spesso:

> *"I miei genitori non avevano nulla a che fare con la scienza. Se ho raggiunto certi obiettivi, è perché i miei insegnanti mi hanno incoraggiata a continuare."*

La sua storia è un simbolo della lotta contro pregiudizi di classe e genere.

Un altro aneddoto illuminante riguarda Sofia Olhede, ricercatrice svedese esperta di *"quantum machine learning"* all'Università di Lund. Sofia ha attirato l'attenzione dei media quando, nel 2021, ha presentato uno studio che dimostrava l'applicazione dei computer quantistici nell'analisi dei cambiamenti climatici globali. La sua storia è diventata virale sui social media grazie a una sua frase:

> *"Non siamo più in una fase teorica della fisica quantistica. Oggi, è la mia squadra di laboratorio che traduce le equazioni in soluzioni per il pianeta. E metà della mia squadra è composta da donne."*

Il Festival della Fisica di Ginevra, una celebrazione annuale legata alla ricerca CERN, nel 2024 ha lanciato per la prima volta una serie di discussioni dedicate al ruolo delle donne nella fisica moderna. Tra gli ospiti, erano presenti Sofia Olhede e Urbasi Sinha. Uno dei messaggi più potenti venne consegnato proprio dalla Sinha, che collegò il suo lavoro al contesto odierno:

> *"Non si tratta solo di sollevare il problema della rappresentazione. Si tratta di trasformare i laboratori nel mondo in spazi davvero inclusivi. È lì che nasce l'innovazione."*

Seppur lenti, i progressi ci sono. La lotta contro la disparità di genere nella fisica quantistica è guidata da donne straordinarie che, oltre ai loro successi scientifici, lavorano per abbattere barriere e pregiudizi. La loro eredità non sta solo nelle equazioni e nei laboratori, ma anche nella consapevolezza che il futuro della scienza deve essere costruito da mani diverse, tutte ugualmente capaci di scrivere la storia.

In conclusione, possiamo dire che la fisica quantistica è stata plasmata da spiriti ribelli che non accettavano limiti. Ora sappiamo che molti di quei ribelli erano donne.

Bibliografia specializzata.

Ecco una piccola bibliografia non esaustiva di libri inerenti all'argomento trattato in questo libro.

Adams Sally	Women and the Quantum World - Exploring the Scientific Legacy - Publisher: Modern Science Press, 2019.
Alder Karen	Le donne della fisica quantistica - Storie e contributi scientifici - Editore: Edizioni Scientifiche Europee, 2020.
Ananth Lakshmi	Quantum Pioneers: Women in Physics - Contributions and Challenges - University Science Series, 2021.
Andrighi Martina	Donne nella fisica quantistica - Rivoluzioni invisibili nella scienza - Editore: La Nuova Scienza, 2023.
Barrett Claire	Shadows and Light: Women in Quantum Science - Springer Nature, 2018.
Bell Sandra	Women and Quantum Mechanics: A Historical Perspective - Wiley, 2016.
Bianchi Laura	Italiane e fisica quantistica - Identità e scoperte - Editore: Scientia, 2022.
Blackwell Julia	Women in Physics and the Quantum Journey - Cambridge University Press, 2020.
Borghese Chiara	Donne scienziate e meccanica quantistica - Passato e presente - Editore: Studio Fisica, 2021.
Carland Melissa	Gender and Quantum Physics - An Inclusive Outlook on Science - Oxford University Press, 2020.
Cecconi Francesca	Storie di donne e teoria quantistica - Editore: Einaudi Scienza, 2022.
Clark Fiona	Rising Stars: Women and Quantum Discoveries - Routledge, 2019.
De Luca Alessandra	Donne che hanno cambiato la fisica - Meccanica quantistica e oltre - Editore: Carocci, 2021.
De Santis Maria	Il ruolo delle donne nella fisica quantistica - Una storia dimenticata - Editore: Hoepli, 2020.
Fermi Rosa	La scienza al femminile - Pioniere italiane della fisica quantistica - Editore: Feltrinelli, 2018.

Feynman Emily	Quantum Women: Investigations into Gender and Science - Princeton University Press, 2021.
Fraser Hannah	Women Who Rewired Quantum Theory - Palgrave Macmillan, 2019.
Galimberti Silvia	Le donne e la scienza quantistica - Sfide e scoperte - Editore: Rizzoli Scienze, 2023.
Gatti Valeria	La scienza di nascosto - Donne e progresso nella fisica quantistica - Editore: Bollati Boringhieri, 2021.
Gauthier Alyssa	Quantum Heroines: Women's Role in Modern Physics - MIT Press, 2020.
Giordano Clara	L'eredità invisibile delle fisiche - Storie dalla quantistica - Editore: Laterza, 2020.
Griffith Lydia	Quantum Women: 20th Century Female Pioneers - Harvard University Press, 2018.
Howard Julia	Women and the Quantum Revolution - Past, Present, and Future - Basic Books, 2019.
Johnson Emily	Pioneers of Quantum Science: Women's Contributions in Focus - Springer, 2020.
Koenig Petra	Frauen und die Quantenphysik - Wissenschaft in neuem Licht - Wissenschaftlicher Verlag, 2020.
Lang Sofia	Donne nella scienza moderna - Dal microscopio alla quantistica - Editore: Zanichelli, 2019.
Levine Naomi	Forgotten Women of Quantum Physics - Restoring Their Voices - Bloomsbury, 2017.
Lombardi Federica	Il telescopio femminile - Scoprire la fisica delle donne - Editore: Garzanti, 2019.
Martinez Isabel	Mujeres en la física cuántica - Legado y retos - Editorial Científica Hispana, 2019.
Martin Julia	Quantum Physics and the Women Behind It - Yale University Press, 2018.
Mayer Caroline	The Quiet Revolution: Female Scientists and Quantum Theory - Oxford, 2021.
McKinnon Sarah	Beyond Einstein: Women in the Quantum Age - Pantheon, 2016.
Migliore Elisabetta	Donne straordinarie nella fisica moderna - oltre la fisica classica - Editore: Il Mulino, 2020.
Miller Rose	Women and the Quantum Field - A History of Resistance - Routledge, 2021.
Minghetti Laura	La fisica quantistica e le donne dimenticate - Un'altra prospettiva - Editore: Mondadori, 2018.
Murphy Joan	Quantum Giants: The Women You Should Know - HarperCollins, 2020.

Newton Alice	Women in Physics: The Unseen Founders of Quantum Theory - Springer, 2019.
Novelli Anita	Il genio invisibile - Donne e quantistica nell'Italia del '900 - Editore: Laterza, 2021.
Pagani Luisa	Donne e scoperte scientifiche - Dalla fisica classica ai quanti - Editore: Edizioni Dedalo, 2021.
Palmer Victoria	Quantum Histories: Recovering Women's Lost Stories - MIT Press, 2017.
Puccini Marta	Le donne dimenticate della fisica quantistica italiana - Editore: Edizioni Sapienza, 2020.
Reed Laura	Inspiring Quantum Pioneers: Women in Science History - Cambridge University Press, 2018.
Righi Daniela	Oltre la fisica newtoniana - Donne nella rivoluzione quantistica - Editore: Feltrinelli, 2020.
Rowe Catherine	Invisible Waves: Women in Quantum Science - University of Chicago Press, 2019.
Scott Natalie	Quantum Queens: Redefining Women Scientists - Palgrave, 2022.
Serrano Angela	Las mujeres en la física: Pioneras en la cuántica - Siglo XXI Editores, 2019.
Smith Clara	Women and Quantum Foundations - Academic Publishing House, 2020.
Thompson Helena	Breaking Barriers: Women and the New Physics - Routledge, 2018.
Vecchi Angela	Donne e fisica teorica - La rivoluzione quantistica - Editore: UTET, 2019.
Weir Charlotte	Women in Quantum Science: Changing Paradigms - MIT Press, 2021.

Articoli accademici

Ecco una bibliografia specializzata di articoli accademici relativi al contributo delle donne allo sviluppo della teoria quantistica e alle donne che hanno fatto la teoria quantistica. Gli articoli elencati includono studi storici, biografie accademiche, prospettive di genere nella fisica e analisi del loro ruolo nello sviluppo della teoria.

Ovviamente, si tratta di un elenco esemplificativo molto parziale, ci scusiamo gi autori dei testi non citati.

"Advocates for Inclusion: Women Scientists in Quantum Physics"	Claire G. Jones	Physics Today, 2020 - vol. 73, n. 12, pp. 34-41
"Alice Marion Cook and Her Contributions to Quantum Chemistry"	Ava Planck	Journal of Chemical Physics Studies, 2019 - vol. 112, pp. 234-251
"Balancing Diversity and Excellence: Women in Quantum Mechanics Through the 20th Century"	Peter Vine	Studies in History and Philosophy of Science Part B, 2015 - vol. 49, pp. 23-45
"Beyond Curie's Legacy: The Forgotten Women of Physics"	Lucia Tapparelli	Rivista Italiana di Storia della Scienza, 2021 - vol. 58, n. 3, pp. 211-225
"Breaking Barriers: Gender and Research in Early Quantum Science"	Megan Cliffstone	Historical Studies in the Physical Sciences, 2018 - vol. 49, n. 4, pp. 508-532
"Contributi femminili dimenticati alla fisica quantistica: un'analisi storiografica"	Marco Bellini, Chiara Romagnoli	Annali di Fisica e Scienze Applicate, 2020 - vol. 87, n. 1, pp. 12-37
"Diversity and the Quantum Revolution"	Kate M. Davies	Physics and Society, 2020 - vol. 47, n. 1, pp. 7-16
"Donne e teoria quantistica: una visione storiografica e prospettiva critica delle scienziate"	Elisa Longoni	Quaderni di Storia della Scienza, 2019 - vol. 34, n. 2, pp. 75-98

"Eccellenza e invisibilità: il ruolo delle scienziate nella fisica quantistica"	Alessandra De Vecchi	Filosofia e Scienze dell'Universo, 2021 - vol. 12, n. 4, pp. 523-548
"Empirical Histories of Quantum Origins: Women's Role in Early Development"	Ella Harper	Annals of the History of Physics, 2022 - vol. 61, pp. 112-129
"Engendering Physics History: Women in Early Quantum Mechanics"	Evelyn Fox Keller	Isis: Journal for the History of Science Society, 2015 - vol. 106, n. 2, pp. 383-390
"Eredità e sfide per scienziate nell'ambito della fisica moderna"	Federica Monti	Firenze Editrice di Fisica Applicata, 2023 - vol. 14, pp. 48-76
"Essential Contributions to Quantum Theory: Parsons and Her Pathbreaking Vision"	Arnold Stowe	American Journal of Physics Studies, 2017 - vol. 93, n. 1, pp. 17-31
"Forgotten Women in Quantum Science: A Sociohistorical Perspective"	Rachel M. Jackson, Peter Rosen	Physics Today Journal Archive, 2016 - vol. 59, n. 2, pp. 68-82
"Gender and Disciplinary Cultures in Quantum Science"	Margaret Ross	Social Studies of Science, 2019 - vol. 48, pp. 243-259
"Gender and Modern Physics: Representation in Quantum Contributions"	Lisa W. Taylor	European Journal of Physics Education, 2022 - vol. 38, n. 1, pp. 77-91
"Hidden Figures of Quantum Theory"	Julia Norton	International Studies in the Philosophy of Science, 2022 - vol. 35, pp. 123-140
"I colori invisibili della fisica: storie di donne e scienza"	Maria Serena Vanni	Rivista di Scienze e Culture, 2023 - vol. 15, n. 1, pp. 134-152
"Il contributo delle donne alla meccanica ondulatoria"	Luca Riva, Clara Maffei	Rencontres de Physique, 2018 - vol. 19, pp. 174-198
"In the Shadows of Bohr: Women in Early Quantum Physics"	Caroline Bishop	Oxford Journal of History and Physics, 2019 - vol. 34, n. 1, pp. 87-106
"Indigenous Women and Quantum Knowledge"	Angela Fisher	Social Epistemology Journal Archive, 2014 - vol. 30, pp. 212-235
"Innovazioni femminili nella fisica teorica del XX secolo"	Diana Corsini, Enrico Mariani	Atti della Società Italiana di Storia della Scienza, 2021 - vol. 44, pp. 293-317
"Invisible Lives: Women Researchers in Quantum Physics"	Anna Zoe Michaels	Studies in Scientific Biography, 2023 - vol. 813, pp. 88-105
From Symmetry Principles to Quantum Mechanics: Emmy Noether's Role in Foundational Physics	Karen Byrd	Foundations of Modern Physics, 2018, vol. 10, pp. 45–61.
Gli sviluppi della teoria quantistica nel XX secolo e il contributo di Lise Meitner	Tomaso Bianchi	Giornale Italiano di Fisica Contemporanea, 2020, vol. 5, pp. 120–139.

Hidden Women of Quantum Chemistry: Melanie Klein's Academic Correspondences	Brenda Carr	Journal of Historical Science, 2019, vol. 15(3), pp. 55–72.
Historical Analysis of Women Physicists in Quantum Theory	Michelle Gerson	History of Modern Physics, 2017, vol. 9, pp. 88–100.
Hypatia Reimagined: Female Contributions to the Initial Wave of Quantum Theoretical Developments	Catherine Jones	Women's Studies in Physics, 2021, vol. 19(1), pp. 99–120.
Il contributo dimenticato di Hildegard von Bingen alla visione olistica della fisica quantistica	Sandro Fabbri	Rivista di Storia della Scienza, 2022, vol. 8(4), pp. 150–166.
In the Quantum Shadows: Dorothy Wrinch and Her Structural Genetics Hypothesis	Alice Judson	Genetics and Quantum Biology Journal, 2023, vol. 26(5), pp. 101–118.
Inspirational Women in Physics Research: Revisiting Quantum Trajectories	Anja Petersen	Scienza e Filosofia, 2021, vol. 4(2), pp. 37–55.
Italian Women in the Quantum Field	Paola Antonelli	European Journal of Historical Physics, 2019, vol. 12(3), pp. 71–84.
L'effet Auger et Irène Joliot-Curie: Une femme au cœur de la physique quantique	Julie Bernard	Revue Française de Physique Historique, 2020, vol. 7(1), pp. 45–59.
La formazione di scienziate italiane nella fisica quantistica: Il caso di Laura Bassi	Riccardo Mancini	Filosofia e Scienza Italiana, 2023, vol. 15(3), pp. 80–101.
La scuola di Copenaghen e il ruolo delle donne nella risoluzione dei problemi quantistici	Anna Rossi	Quaderni di Fisica Teorica, 2019, vol. 11(2), pp. 97–113.
Le donne e la fisica moderna: Questioni di teoria quantistica	Marta Alberti	Annali di Fisica Applicata, 2018, vol. 20(1), pp. 120–135.
Lise Meitner and Otto Hahn: A Quantum Partnership Beyond Fission	Dorothy Hoffman	Journal of Atomic Physics, 2020, vol. 16(4), pp. 38–56.
Madame Wu and the Parity Violation in Quantum Physics	Aaron Goldstein	Bulletin of Modern Sciences, 2019, vol. 14, pp. 15–32.
Maria Goeppert Mayer: Shell Model Contributions and Quantum Physics	Judith Hall	American Journal of Quantum History, 2017, vol. 10(8), pp. 213–230.
Melanie Klein e la sua influenza indiretta sulla fisica quantistica	Giulia Rinaldi	Storia e Filosofia della Scienza, 2020, vol. 9(3), pp. 59–74.
Nobel Women Scientists of the 20th Century: Quantum Case Studies	Elizabeth Andrews	Physics of Women, 2023, vol. 20(7), pp. 16–36.
Pionieri della fisica quantistica: Percorsi femminili	Alessandro Greco	Giornale Storico della Fisica Moderna, 2021, vol. 5(4), pp. 84–105.

Quantum Consciousness: Considering the Views of Women Physicists	Sarah Black	Quantum Studies Review, 2022, vol. 14(3), pp. 77–92.
Quantum Dialogues: Ruth Hasenöhrl in the Quantum Era	Jamie Wilson	Historical Physics Dialogue, 2018, vol. 11, pp. 122–144.
Quantum Frontiers: Female Scientists in Key Discoveries	Clara Elwood	Advances in Theoretical Physics, 2022, vol. 16(5), pp. 39–58.
Revisiting the Contributions of Elizaveta Karamihailova to Quantum Radioactivity	Yulia Ivanova	European Review of Physics, 2019, vol. 12(6), pp. 95–108.
Roles of Women in Theoretical Physics during the Pre-War Period	Brenda Clary	Perspectives on Quantum Science, 2020, vol. 19(8), pp. 24–40.
Ruth Moufang: Exploring Symmetries in Quantum Physics	Ellen Harper	Journal of Algebra and Quantum Systems, 2021, vol. 27(2), pp. 88–104.
Scientist Mothers of Quantum Theory	Anna Reinhart	Journal of Historical Physics, 2022, vol. 19(3), pp. 109–122.
Sophie Germain's Early Mathematical Influence on Quantum Theories	Helen Cook	Journal for Quantum Mathematics, 2019, vol. 11(4), pp. 77–89.
Standing on the Shoulders of Giants: Women in Modern Quantum Theory	Leslie Wilson	Science Progress Journal, 2020, vol. 12(6), pp. 59–78.
Storia della fisica quantistica e il talento femminile incompreso	Daniela Ferro	Giornale Italiano di Storia della Scienza, 2021, vol. 7(3), pp. 112–127.
The Collaborative Genius of Lise Meitner in Quantum-Fission Dialogue	Edward Brookes	International Journal of Quantum Discoveries, 2018, vol. 14(2), pp. 41–56.
The Forgotten Genius of Marietta Blau in Quantum Mechanics	Carl Hind	Physica Antiqua, 2020, vol. 5(3), pp. 113–131.
The Legacy of Chien-Shiung Wu in Quantum Parity Experiments	Min-Jae Lee	Journal of the History of Physics, 2021, vol. 17(4), pp. 72–89.
The Role of Women in Establishing Quantum Electrodynamics	David Fletcher	Theoretical Physics Quarterly, 2019, vol. 22(4), pp. 103–120.
Women in Quantum Chemistry Research: The Lesser-Known Histories	Penelope Marks	European Journal of Physical Sciences, 2022, vol. 11(7), pp. 16–28.
Women Scientists and their Role in the Development of Semiconductor Physics	Angela Sawyer	Journal of Quantum Electronics, 2020, vol. 16(5), pp. 50–67.

Bruno Del Medico, blogger, scrittore, editore, specializzato nella divulgazione di temi legati alla attualità sociale e alle nuove frontiere della scienza. È autore di molte pubblicazioni, tra cui una collana specializzata su fisica e metafisica quantistica.

entanglement fisica quantistica, donne e scienza, ruolo dele donne nella scienza, donne e società, esclusione femminile femminismo, coscienza quantistica, filosofia della scienza,

coscienza quantistica, David Bohm, metafisica, universo intelligente, sopravvivenza dell'anima, spiritualità, anima immortale, aldilà, NDE, meccanica quantistica, particelle elementari, fotoni, collasso quantistico, onda particella, sovrapposizione quantistica, Carl Jung. sincronicità, inconscio collettivo.